Alfred Kaltenbach
Saginae
Saltatoria-Teltigoniidae

DAS TIERREICH

The Animal Kingdom

Eine Zusammenstellung und Kennzeichnung der rezenten Tierformen

A Compilation and Characterization of the Recent Animal Groups

Πάντα ῥεῖ Sine systemate chaos

Herausgeber

HEINZ WERMUTH (Wirbeltiere)

EDWIN MÖHN (Wirbellose)

Teilband **103** Part

Walter de Gruyter · Berlin · New York 1986

Alfred Kaltenbach

Saginae

Saltatoria-Teltigoniidae

Walter de Gruyter · Berlin · New York 1986

Autor
Dr. Alfred Kaltenbach
Naturhistorisches Museum Wien
2. Zoologische Abt. (Insekten)
Burgring 7
Postfach 417
A-1014 Wien

Herausgeber
Dr. Heinz Wermuth
Arsenalplatz 3
D-7140 Ludwigsburg

Schriftleitung
Johanna Wermuth
Arsenalplatz 3
D-7140 Ludwigsburg

Zitat
Das Tierreich, Teilband 103
Alfred Kaltenbach, Saginae
Verlag Walter de Gruyter, Berlin · New York 1986

CIP-Kurztitelaufnahme der Deutschen Bibliothek

Das Tierreich : e. Zustellung u. Kennzeichnung d. rezenten Tierformen – The animal kingdom / Hrsg. Heinz Wermuth ; Edwin Möhn. – Berlin ; New York : de Gruyter
Teilw. hrsg.von Robert Mertens ; Willi Hennig

NE: Wermuth, Heinz [Hrsg.]; Mertens, Robert [Hrsg.]; PT

Teilbd. 103. Saginae. – (Saltatoria – Tettigoniidae) / Alfred Kaltenbach. – 1986.
ISBN 3-11-010343-5 (Berlin ...)

Printed in Germany.
Satz und Druck: Tutte Druckerei GmbH, Salzweg-Passau.
Bindearbeiten: Dieter Mikolai, Berlin.

Inhalt

Systematischer Index

A. Allgemeiner Teil

1. Stellung im System der Tettigoniidae

Die Saginae gehören wie die Tettigoniinae (einschließlich Decticini) zu den ursprünglichsten Vertretern der Familie Tettigoniidae, sind aber vielleicht von noch älterer Herkunft als die atlantischen Faunenelemente (Uvarov 1929). Die beiden erwähnten Unterfamilien zeigen in Habitus und Geädermerkmalen noch größte Ähnlichkeit mit den paläozoischen Oedischiidae, während anderseits die bei den Saginen ausschließlich, bei den Tettigoniinen weit verbreitete karnivore Lebensweise als indirekter Beweis dafür gelten kann, daß es sich hier um primitive Gruppen handelt (Sharov 1968). Einige Eigentümlichkeiten, wie die mehr oder weniger hypognathe Kopfstellung und die für den Beutefang spezialisierte Dornenbewaffnung der ersten beiden Beinpaare, finden wir außer bei den Saginae auch bei den Listroscelidinae und manchen Gattungen der Copiphorinae. Hier kann aber auch eine Konvergenzbildung infolge gleicher Lebensweise vorliegen.

2. Abgrenzung der Unterfamilie Saginae

Als entscheidendes Merkmal für die Zuordnung zu den Saginae hat man bisher das Fehlen dorsaler Apikaldornen an den Tibien angesehen. Tibialdornen sind Kutikularbildungen. Ihre Zahl, Anordnung und Länge sind im allgemeinen konstant. Rückbildungen einzelner Dornen kommen in verschiedenen Unterfamilien der Tettigoniidae vor, und bei einer Reihe von Arten werden auch die Apikaldornen an den Hintertibien reduziert. Es ist nicht einzusehen, warum diese Arten, die zum Teil in anderen Merkmalen gar nicht übereinstimmen, zur gleichen Unterfamilie gehören sollen. In der Gattung *Terpandrus* ist die Unzuverlässigkeit dieses Merkmales besonders deutlich: Bei *T. horridus* Burmeister fehlen die Enddornen an den Hintertibien. Man stellte *Terpandrus* daher bis jetzt zu den Saginae. Bei *Terpandrus splendidus* Hebard sind diese Dornen aber entwickelt. Für die Zuordnung zum gleichen Taxon höherer Ordnung sollte die Übereinstimmung in einer größeren Zahl von Merkmalen maßgeblich sein.

Von 13 ursprünglich als Saginae beschriebenen oder später zu den Saginae gestellten Gattungen scheidet primär *Microsaga* (von Saussure 1888 für *Saga parvula* WALKER 1869 von den Sandwich Inseln aufgestellt) aus, da sich dieses Genus als identisch mit der Conocephalinengattung *Banza* WALKER 1870 erwies (KIRBY 1906; KARNY stellt *Banza* zu den Copiphorinae). *Xiphosaga* SAUSSURE 1888 ist identisch mit *Hemisaga* SAUSSURE 1888 (SAUSSURE 1892).

In der Tabelle sind 22 Merkmale zusammengestellt, die in der angegebenen Weise bei wenigstens einer der zu den Saginae gestellten Gattungen ausgeprägt sind. Bei *Saga* sind 10 der 22 Merkmalsausprägungen realisiert. Die äthiopischen Gattungen *Clonia, Cloniella* und *Peringueyella* haben alle 10 Merkmale mit *Saga* gemein. Bei *Hemisaga* stimmen 5, bei *Pseudosaga* 4, bei *Psacadonotus, Terpandrus, Terpandroides, Pachysaga* und *Megalotheca* je drei und bei *Terpandrulus* zwei Merkmale mit *Saga* überein.

Dieser Merkmalsvergleich kann natürlich kein exakter Maßstab für die tatsächlichen verwandtschaftlichen Beziehungen sein, da wir über den phylogenetischen Wert der verwendeten Merkmale nichts mit Sicherheit aussagen können. Dennoch ist es richtiger, eine Gruppe von Gattungen aufgrund einer größeren Zahl gemeinsamer Merkmale in einer Familie oder Unterfamilie zusammenzufassen, als nur ein einziges, noch dazu instabiles Merkmal als Kriterium anzusehen.

Merkmalsübereinstimmungen mit *Saga* finden wir auch bei manchen Gattungen der Conocephalinae, Copiphorinae und Tettigoniinae. An der nahen Verwandtschaft der Gattungen II bis IV der Tabelle mit Saga (I) ist nicht zu zweifeln. Die Zuordnung der in der Tabelle unter V bis XII angeführten Genera zu den Saginae ist in keinem Fall gerechtfertigt, wie auch aus den nachfolgenden Erläuterungen zur Tabelle hervorgeht:

V. *Hemisaga* SAUSSURE

Hemisaga SAUSSURE 1888, Ann. Soc. ent. France, Paris, (6), **8** : 148
Xiphosaga SAUSSURE 1888, Ann. Soc. ent. France, Paris, (6) **8** : 154 (syn. SAUSSURE 1892).

VI. *Psacadonotus* REDTENBACHER

Psacadonotus REDTENBACHER 1891, Verh. zool.-bot. Ges. Wien **41** : 445
Miosaga SAUSSURE 1892, Ann. Soc. ent. France, Paris, **61** : 10 (syn. nach RENTZ/Canberra 1982, unveröffentlicht).

Diese beiden Genera weisen habituell die relativ größte Ähnlichkeit mit der *Saga* oder dem Subgenus *Hemiclonia* von *Clonia* auf. Dies ist freilich auch bei einigen Listroscelidinae, beispielsweise bei *Poecilomerus saga* KARNY 1907 (Madagaskar) der Fall. Von *Saga* und den äthiopischen Saginae I, II und IV unterscheiden sich beide Gattungen durch das zapfenförmig vorspringende Fastigium verticis, die beim Männchen mit einem Medialzahn versehenen Cerci und den glatten, nicht gezähnelten Ovipositorrand, Merkmale, die sie mit den übrigen „australischen Saginae" gemeinsam haben. Bei *Psacadonotus* ist überdies nur der Innenrand der Vorderfemora mit drei bis 4 kurzen Dornen bewaffnet und weicht somit von der Beinbewaffnung aller echten Saginae ab. Bereits REDTENBACHER

Merkmalsübereinstimmungen der zu den Saginae gestellten Gattungen der Tettigoniidae

Faunenregionen:
A = Australis
E = Aethiopis
P = Paläarktis

	I. *Clonia* Stål	II. *Cloniella* Kalt.	III. *Saga* Charp.	IV. *Peringueyella* Sauss.	V. *Hemisaga* Sauss.	VI. *Psacadonotus* Redt. (*Miosaga* Sauss.)	VII. *Terpandrus* Stål	VIII. *Terpandroides* Ander	IX. *Terpandrulus* Br. v. W.	X. *Pachysaga* Br. v. W. (*Pachysagella* Heb.)	XI. *Pseudosaga* Brancs.	XII. *Megalotheca* Karny
Verbreitung	E	E	P	E	A	A	A	A	A	A	E	E
1. Habitus sagaähnlich	+	+	+	+	+	+						+
2. Fastigium verticis zapfen- oder kammartig vorragend					+	+	+	+	+	+	+	+
3. – schmal, nicht vorragend	+	+	+	+								
4. Antennengruben stark gerandet											+	
5. Antennengeißel proximal verdickt	+	+	+	+	+							+
6. Prosternum mit einem Paar Dornen oder Zapfen	+	+	+	+*	+	+	+	+		+		
7. – glatt				+					+		+	+
8. Coxae I mit 2 apikalen Dornen	+	+	+	+								
9. – mit 1 basalem und 1 apikalem Dorn					+		+	+				
10. – nur mit 1 basalem Dorn											+	
11. – nur mit 1 apikalem Dorn						+			+	+		+
12. Ventralseite der Femora I lateral und medial mit Dornenreihe	+	+	+	+	+		+	+				
13. – nur medial mit Dornenreihe						+				+	+	
14. – ohne Dornen									+			+
15. Tibiae III dorsal mit 2 Apikaldornen								+				
16. – dorsal ohne Apikaldornen	+	+	+	+	+	+	+		+	+	+	+
17. ♂-Cerci mit Medialzahn					+	+	+	+				+
18. – nur mit Apikalzahn	+	+	+	+					+	+	+	
19. ♀-Subgenitalplatte apikal ausgerandet oder ausgeschnitten	+	+	+	+					?		+	
20. – abgestutzt oder verrundet					+	+	+	+	?	+		+
21. Ovipositorrand im distalen Teil gezähnelt	+	+	+	+					?		+	
22. – glatt					+	+	+	+	?	+		+

* *Peringueyella macrocephala* (Schaum)

hat *Psacadonotus* richtig als Gattung der Conocephalidae beschrieben. Auch RENTZ & BALDERSON (1979) haben diese Einordnung beibehalten.

VII. *Terpandrus* STÅL

Terpandrus STÅL 1874, Rec. Orth., Stockholm, Nr. 2 : 103

VIII. *Terpandroides* ANDER

Terpandroides ANDER 1957, Ent. Tidskr., Stockholm, **78** (1) : 1 – 3, f. 1 – 2

Terpandrus und *Terpandroides* sind nahe miteinander verwandt und entsprechen habituell dem *Tettigonia*-Typus. RENTZ/Canberra (Briefl. Mitt. 1982) stellt beide Gattungen nach morphologischen und ethologischen Untersuchungen zu den Listroscelidinae.

IX. *Terpandrulus* BRUNNER v. WATTENWYL

Terpandrulus BRUNNER v. WATTENWYL 1893, Ann. Mus. civ. Stor. nat., Genova (2) **13** (33) : 183

BRUNNER führt *Terpandrulus* in einer Bestimmungstabelle der Gattungen der „Sagidae" an. Schon die in der Tabelle angegebenen Merkmale lassen erkennen, daß *Terpandrulus* weder ein Synonym von HEMISAGA ist (KIRBY 1906 mit Fragezeichen; CAUDELL 1916), noch ein nomen nudum (CAUDELL 1916). Die Stellung der Gattung im System der Tettigoniidae ist unklar; zu den Saginae gehört sie nicht (vgl. Tabelle). Eine Artbeschreibung der beiden im Wiener Museum befindlichen, schlecht erhaltenen Männchen hat BRUNNER nicht veröffentlicht.

X. *Pachysaga* BRUNNER v. WATTENWYL

Pachysaga BRUNNER v. WATTENWYL 1893, Ann. Mus. civ. Stor. nat., Genova, (2) **13** (33) : 183
Pachysagella HEBARD 1922, Proc. Acad. nat. Sci. Philadelphia **74** : 273 (**nov. syn.**).

BRUNNER beschreibt zwar weder in der genannten Arbeit noch später eine zu *Pachysaga* gehörige Species, gibt jedoch in der Bestimmungstabelle sowie in einer ausführlichen Fußnote die Merkmale der Gattung ausreichend genau an, so daß der Name *Pachysaga* in Übereinstimmung mit den Artikeln 11 und 12 der Internationalen Regeln für die Zoologische Nomenklatur verfügbar ist. Die beiden Exemplare (Männchen und Weibchen) der Gattung im Wiener Museum sind Syntypen. Sie entsprechen in allen Einzelheiten der Beschreibung und den Abbildungen von *Pachysagella maculata* HEBARD (1922). *Pachysagella* HEBARD ist daher ein jüngeres Synonym zu *Pachysaga* BRUNNER v. WATTENWYL. *Pachysagella* (und somit auch *Pachysaga*) ist nach UVAROV (1924) zu den Tettigoniinae zu stellen. Auch *Ephippiger australis* WALKER 1869 gehört in diese Gattung (UVAROV l.c.). Mit den Saginae hat *Pachysaga* außer dem Fehlen dorsaler Enddornen an den Tibien nur die Prosternaldornen sowie die Cercusform beim Männchen gemein. Prosternaldornen sind aber auch bei vielen Tettigoniinae (incl. Decticini) ausgebildet und der Cercuszahn inseriert nicht apikal, wie bei allen echten Saginae, sondern subapikal.

XI. *Pseudosaga* Brancsik

Pseudosaga Brancsik 1897, Jahreshefte Soc. Hist. nat. Trencsén, **19–20** : 83–84.

Sowohl die ausführliche Beschreibung Brancsiks, wie das im Wiener Museum befindliche Weibchen vom Zambezi (Syntype) zeigen deutlich, daß *Pseudosaga* keine Sagine sein kann. Habituell ist die grazile *Ps. sphinx* Brancsik 1897, der Mecopodine *Redtenbacheriella maculata* Karny 1910 (Südwest-Afrika) recht ähnlich und stimmt mit ihr bezüglich der stark gerandeten Fühlergruben, der durch muschelartige Lappen verdeckten Tympana der Vordertibien und durch das gleichfalls unbewehrte Prosternum überein. Unterschiede zeigt vor allem das Pronotum, dessen Scheibe bei *Redtenbacheriella* weiter nach hinten reicht als bei *Pseudosaga* und dessen Sulcus bei der letztgenannten Art stärker eingedrückt ist. *Pseudosaga* gehört mit großer Wahrscheinlichkeit zu den Mecopodinae.

XII. *Megalotheca* Karny

Megalotheca Karny 1907, Abhandl. zool.-bot. Ges. Wien, **4** (3) : 79.

Karny beschrieb diese Gattung nach je einer Art vom Kap der guten Hoffnung und von Madagaskar und stellte sie zu den Agraecini, Uvarov (1928), unter Beschreibung einer weiteren Art und Einordnung einiger von Peringuey als *Conocephalus* beschriebener Arten bei *Megalotheca*, zu den Conocephalini in die Nachbarschaft von *Conocephalus*. Rentz (1979) sieht in *Megalotheca* eine Gattung der Saginae und begründet seine Auffassung mit dem Hinweis auf die folgenden Merkmale:

1. Fehlen der dorsalen Apikaldornen an den Hintertibien.
2. Kopfform.
3. Pronotumform.
4. Basal verdickte Antennengeißel.
5. Sagaähnlicher Habitus.

Die bereits von Karny betonte Ähnlichkeit von *Megalotheca* mit den Saginae ist nur oberflächlich. Mit *Saga* hat *Megalotheca* nur drei von 10 Merkmalen gemeinsam. Das Fehlen dorsaler Apikaldornen an den Tibien ist nur in Verbindung mit anderen Merkmalen taxonomisch relevant. Konische Kopfform finden wie bei verschiedenen Familien und Unterfamilien der Saltatoria vor. Die bei *Megalotheca* ausgebildete Pronotum-Form ist auch bei den Agraecinae verbreitet. Bei *Megalotheca* ist die basal verdickte Antennengeißel deutlich von dem stärker verdickten Pedicellus abgesetzt, während sich bei den Saginae die Antenne von der Pedicellus-Wurzel an allmählich verschmälert. Im Gegensatz zu den Saginae springt bei *Megalotheca* das Fastigium verticis zapfenartig vor, das Prosternum ist glatt, ohne Dornen, und die Bewaffnung mit Dornenreihen fehlt den Vorder- und Mittelfemora. Ferner sind die Cerci des Männchens bei *Megalotheca* mit einem Medialzahn versehen und die Ovipositorränder auch bei adulten

Weibchen nicht gezähnelt. Diese Gattung kann daher nicht zu den Saginae gestellt werden.

3. Geographische Verbreitung

Die gegenwärtige Verbreitung der Saginae (im oben angegebenen Sinne) ist auf das äthiopische Afrika und die westliche Paläarktis beschränkt (Fig. 1). Die Areale der äthiopischen Saginae liegen fast ausschließlich südlich des Äquators. Nur das Subgenus *Clonia* ist bis über den zweiten nördlichen Breitegrad hinaus verbreitet, kommt aber auch noch im südlichen Kapland vor. Seine Hauptverbreitung liegt in der Sahelisch-ostafrikanischen Subregion. *Leptoclonia* bewohnt die Karoo-kalaharische Subregion und (*L. minuta*) den südwestlichsten Teil der Südafrikanischen Subregion. *Xanthoclonia* kennen wir nur von wenigen Plätzen in Kapland und Transvaal. Die *Hemiclonia*-Arten leben in der südafrikanischen Subregion (s. str.) und in den angrenzenden Teilen der karoo-kalaharischen Subregion. Unzureichend bekannt ist die Verbreitung der Gattung *Cloniella*. Die Fundorte der drei zu unserer Kenntnis gelangten Exemplare dieser Gattung liegen in Transvaal und am Oberlauf des Zambesi. Der Zambesi scheint die nördliche Verbreitungsgrenze für *Peringueyella* zu bilden. Südlich des Oranje-Flusses

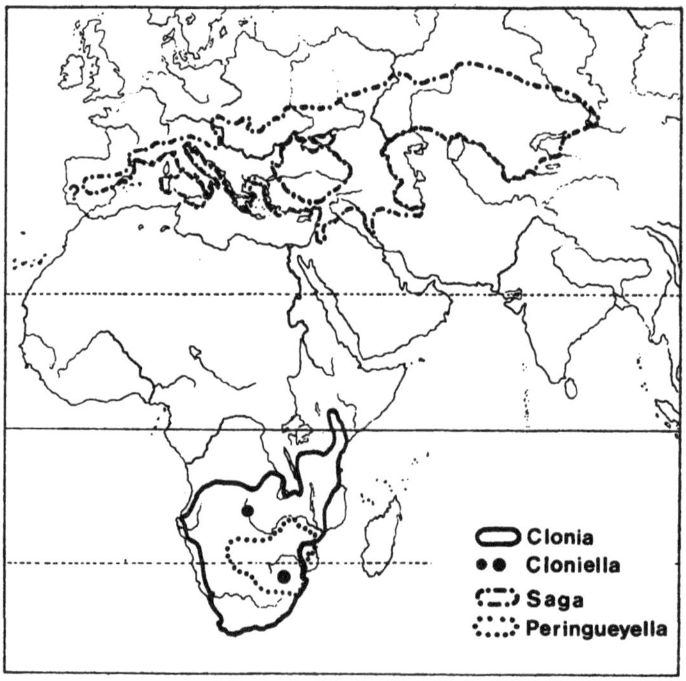

Fig. 1. Verbreitung der Saginae (Original).

und aus Südwest-Afrika sind keine Fundorte von *Peringueyella*-Arten bekannt. Im Westen dringt *P. jocosa multispina* bis weit in die karoo-kalaharische Subregion vor.

Das Verbreitungsgebiet der Gattung *Saga* umfaßt die mediterrane Subregion der Paläarktis mit Ausnahme von Nordafrika sowie die skytisch-mongolische Subregion bis zu den Ausläufern des Altai-Gebirges im Osten. *Saga pedo* erreicht im Gebiet der Kurganer Seenplatte (Sverinogolovskoje, 54° 30′ n. Br.) die nördlichste Verbreitung aller Saginae. Die Ausdehnung des von der parthenogenetischen *S. pedo* bewohnten Gebietes übertrifft das Gesamtareal aller anderen *Saga*-Arten etwa um das 12-fache. Diese Art ist auch noch in Mitteleuropa disjunkt verbreitet (Relikt der nacheiszeitlichen Wärmeperiode).

Vertikale Verbreitung der Saginae: Alle diesbezüglichen Angaben beziehen sich auf Höhenlagen unter 2000 m. *Clonia zernyi* hat man im Matengo-Hochland (Tansania) noch bei über 1500 m (ZERNY) gefunden, *Saga pedo* bei Trpejca (Jugoslawisch Mazedonien) in 1700 m Höhe (WILLEMSE).

Literatur: KALTENBACH 1967a, 1970, 1971.

4. Klimaansprüche und Biotop

Alle Saginen sind thermophil und leben in heißen oder zumindest wärmeren Gebieten. Die Arten des Subgenus *Clonia, Cloniella* und *Peringueyella* bewohnen vorzugsweise Grasland und Savanne, *Hemiclonia* Bushveld und Macchie. *Leptoclonia* (für *L. minuta* liegen keine Biotop-Angaben vor) zeigt eine deutliche Anpassung an semiaride Verhältnisse, wie sie in der südafrikanischen Karoo und in Südwest-Afrika bestehen. Die Phrygana (Garigue), Randzonen der Macchie, offenes Buschland und im gemäßigten Europa xerotherme Hangwiesen, Kultursteppe und aufgelassene Weingärten sind die Lebensräume der *Saga*-Arten. Die Saginen meiden den Regenwald und die Wüste. Sie stellen für sie Ausbreitungsschranken dar.

Literatur: JAUS 1935; KALTENBACH 1970, 1971.

5. Tagesaktivität, Somatolyse und Abundanz

Wahrscheinlich sind alle Saginae vorwiegend dämmerungs- oder nachtaktiv. Die *Saga*-Arten sitzen tagsüber meist unbeweglich in der Vegetation, mit der sie in der Körperfärbung recht gut übereinstimmen (homochrome Anpassung). Im Verein mit dem Zeichnungsmuster kann diese Schutzfärbung eine völlige optische Verschmelzung mit der Umgebung bewirken (Somatolyse).

Als Gradmesser der Aktivität können lokomotorische Aktivität, Stridulation, Paarungsaktivität und Eiablage angesehen werden (Fig. 2). Bei *Saga*-Arten verläuft der Stridulationsrhythmus ziemlich gleichförmig (Fig. 5). Der Frequenzbe-

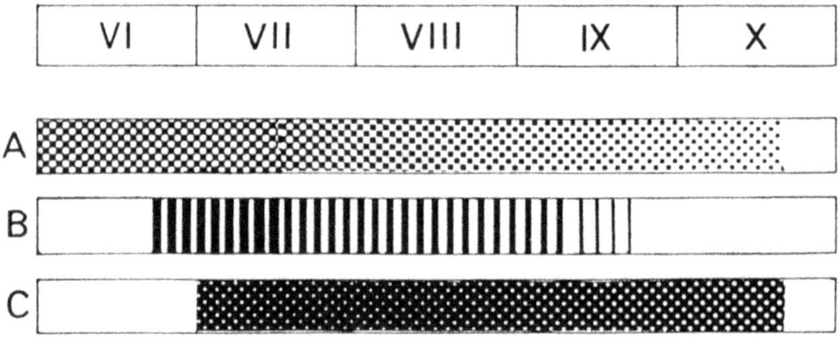

Fig. 2. Aktivitätsperioden bei *Saga natoliae* SERVILLE während der Imaginalzeit. – VI–X = Monate Juni bis Oktober, A = lokomotorische Aktivität (♂♀), B = Stridulation (♂), C = Eiablage (♀) (aus KALTENBACH 1970).

reich des Gesanges erstreckt sich bei *S. hellenica* bis weit in den Ultraschallbereich hinein (10–33 kHz). Normaler Zirplaut, Erregungslaut und Paarungslaut zeigen signifikante Unterschiede, die besonders in den Dynamikkurven von Sonagrammen deutlich werden (Fig. 6).

Die Populationsdichte der Saginae-Arten ist nicht so gering, wie man dies nach den meist kleinen Beständen in den Sammlungen erwarten würde. Einige Saginae kann man in klimatisch günstigen Jahren örtlich häufiger antreffen. Zu den wirklich häufigen Tettigoniidae gehört indes keine Art der Saginae.

Literatur: BURR, CAMPBELL & UVAROV 1923; LANG 1930; BODENHEIMER 1935; MATTHEY 1941, 1945; KALTENBACH 1970.

6. Ernährung

Die *Saga*-Arten leben rein karnivor. Nach den wenigen diesbezüglichen Beobachtungen nehmen auch die afrikanischen Saginae nur tierische Nahrung auf. Das Nahrungsspektrum umfaßt Insekten verschiedener Ordnungen; Saltatoria bis zur eigenen Körpergröße werden jedoch deutlich bevorzugt. *Saga natoliae* nahm im Versuch auch *Blatta orientalis* (Wehrdrüsen!) an. Soweit bekannt, sind alle Saginen Pirschjäger, die ihre Beute im Sprung überfallen; nicht Ansitzjäger wie die meisten Mantiden. Zwar ergreift und verzehrt auch eine tagsüber ruhig im Gras sitzende *Saga* ein sich näherndes Insekt; der normale Modus des Beuteerwerbs ist dies nicht.

Literatur: AKERMAN 1932; CHOPARD 1946; KALTENBACH 1970; SÄNGER 1980.

7. Feinde

Für erwachsene Saginen kommen als Feinde große insektenfressende Vögel und Echsen in Betracht, unter den Säugetieren Insektivoren und manche Rodentier. Larven werden auch von Spinnen, Skorpionen, Chilopoden und räuberischen Insekten (Mantodea, Reduviidae, Planipennia-Larven) getötet und verzehrt. Auch Artgenossen sind als Feinde anzusehen, da die Saginen eine ausgeprägte Neigung zum Kannibalismus zeigen. Gegenüber größeren Feinden nehmen *Clonia* und *Saga* eine charakteristische Abwehrstellung ein: Die dornenbewehrten Vorderbeine werden ausgebreitet oder hochgestreckt und die Mandibulae gespreizt. *Saga* legt sich zur Verteidigung manchmal auf eine Körperseite oder auf den Rücken. *Clonia* öffnet oft die Flügel und macht so die braun gefleckten Alae sichtbar.

Parasiten: Im Schizocoel von *Saga pedo* schmarotzen die Maden von *Sarcophaga carnaria*. Parasitische Skoleziden oder das Eigelege befallende Hymenopteren oder Meloiden sind bei den Saginen nicht bekannt.

Literatur: KALTENBACH 1970.

8. **Fortpflanzung**

Die Vorgänge vor und während der Paarung sind nur bei einigen *Saga*-Arten untersucht. Fühlerspiel und intensives Zirpen kennzeichnen den Erregungszustand des Männchens beim Anblick des Weibchens. Dieses Fühlerspiel wird vom Weibchen erwidert und dient wahrscheinlich dem gegenseitigen Erkennen. Nach dem Ansprung bemüht sich das Männchen, in eine Lage zu kommen, in der die Bauchseiten beider Partner einander zugekehrt sind. Ist das erreicht, so bringt es die Cerci, die als Halteklammer dienen, durch Einwärtskrümmen des Abdomens an die Genitalregion des Weibchens und stülpt die häutigen Phalluslappen aus.

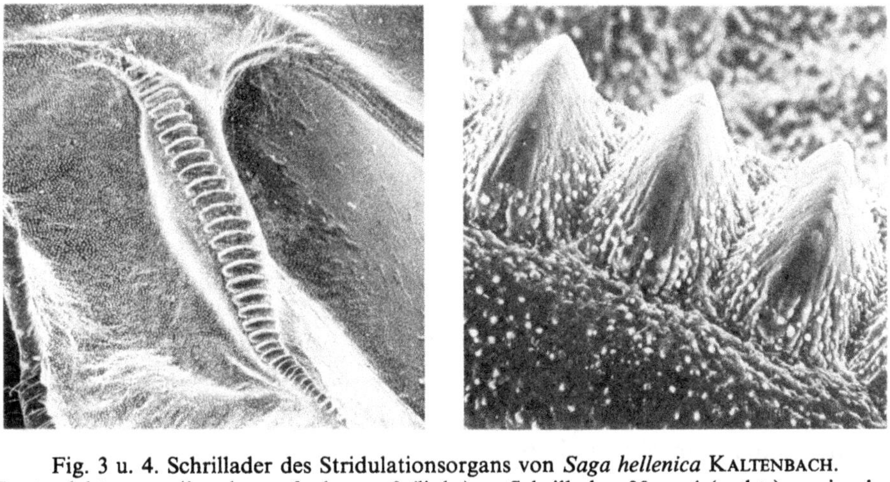

Fig. 3 u. 4. Schrillader des Stridulationsorgans von *Saga hellenica* KALTENBACH. Rasterelektronenmikroskopaufnahmen, 3 (links) = Schrillader, 30 ×, 4 (rechts) = einzelne Zähnchen der Schrillader, 350 × (nach HELVERSEN & HELLER).

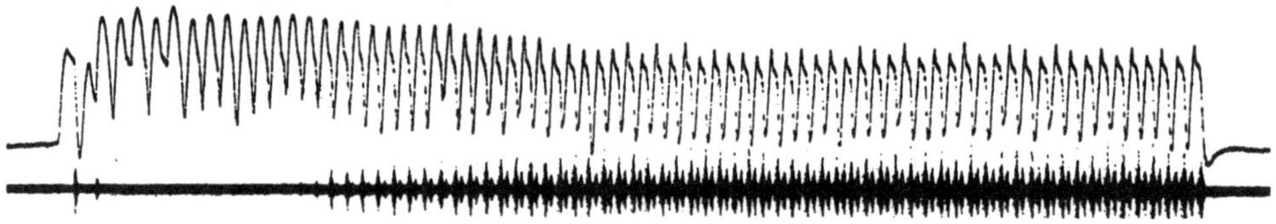

Fig. 5. Stridulationsbewegung und Gesang von *Saga hellenica* KALTENBACH bei 23 °C (nach HELVERSEN & HELLER).

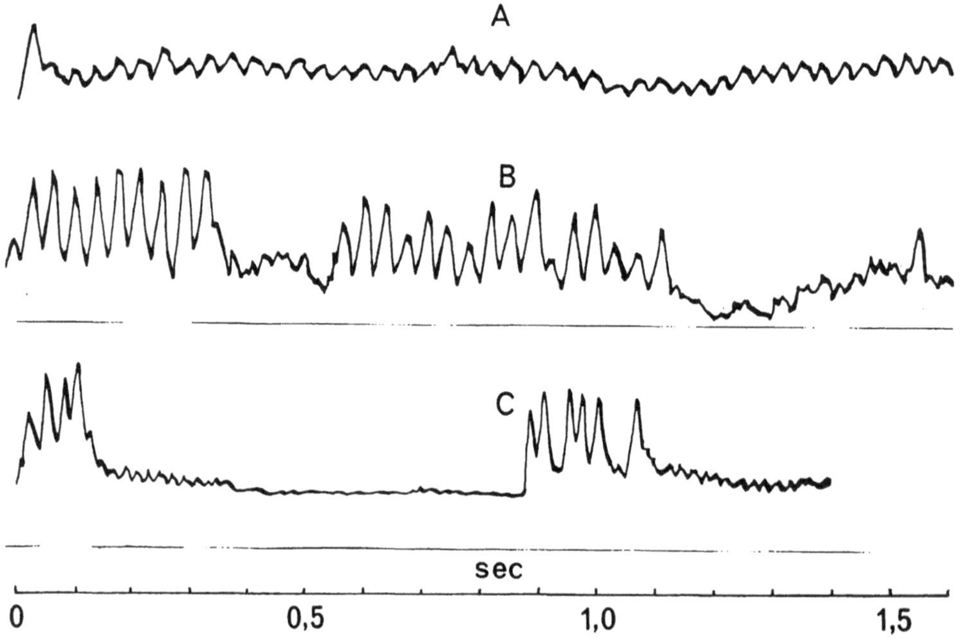

Fig. 6. Stridulation von *Saga natoliae* SERVILLE. – A = normaler Zirplaut, B = Erregungslaut beim Anblick des Weibchens, C = Paarungslaut. Dynamikkurven aus Sonagrammen. Tonbandgeschwindigkeit normal, Frequenz 85 bis 12000 Hz (aus KALTENBACH 1970).

Für die Bildung der Spermatophore, die es an der weiblichen Genitalöffnung befestigt, benötigt das Männchen von *Saga natoliae* etwa 5 Minuten. Die Partner bleiben hier 8 bis 15 Minuten, bei *S. rhodiensis* drei bis 4 Minuten, bei *S. ephippigera* 4 bis 6 Minuten und bei *S. campbelli* zweieinhalb bis drei Minuten vereinigt. Das Weibchen verzehrt Spermatophore samt Spermatophyllax erst dreieinviertel bis 24 Stunden nach der Paarung.

Saga pedo pflanzt sich auf dem Weg einer obligatorischen thelytoken Parthenogenese fort (Tetraploide Chromosomenzahl: 2N = 68). Literaturangaben über Männchen von *S. pedo* beruhen auf Fehlbestimmungen.

Literatur: BOLDYREV 1915; BURR, CAMPBELL & UVAROV 1923; MATHEY 1941, 1946, 1948; KALTENBACH 1967a, 1970.

9. **Eiablage, Entwicklung und Lebensdauer**

Wohl alle Saginen legen ihre Eier mit Hilfe des säbelförmigen Legebohrers einzeln in den Boden ab. Das *Saga-natoliae*-Weibchen deponiert während der Legeperiode 50 bis 100 Eier an geeigneten Plätzen unter der Erdoberfläche, das Weibchen von *S. pedo* 25 bis 50 Eier. Bei *S. natoliae* konnte man die Zahl der postembryonalen Häutungen durch erfolgreiche Aufzucht ab ovo ermitteln. Sie betrug bei beiden Geschlechtern 6. Für *S. pedo*, deren Aufzucht nur unvollständig gelang, werden 8 Häutungen und 8 Larvenstadien angenommen. Die Entwicklungsdauer ist stark temperaturabhängig. *S. ephippigera* benötigt im Irak vom Schlüpfen der Eilarve bis zur Imaginalhäutung nur 6 bis 7 Wochen, in Transkaukasien dagegen 9 Wochen. Während *S. natoliae* in Griechisch Mazedonien nach 10 bis 11 Wochen die adulte Phase erreicht, beträgt die Entwicklungszeit für diese Art unter optimalen Laborbedingungen nur 39 bis 43 Tage bei den Männchen und 42 bis 45 Tage bei den Weibchen. Dies entspricht der kurzen Entwicklungszeit von *S. ephippigera* in den klimatisch begünstigten Lebensräumen im Irak. Die Gesamtlebensdauer erstreckt sich bei *S. natoliae* auf 5 bis 6 Monate.

Angaben über Entwicklung und Lebensdauer äthiopischer Saginae liegen nicht vor.

Literatur: ZACHER 1928; TAINISH 1933; KALTENBACH 1970; SÄNGER 1980.

B. Spezieller Teil

Subfam. **Saginae**

1839 Locustina BURMEISTER, Handb. Ent., Jena, **2** : 664, partim.
1839 Orthoxiphae SERVILLE, Hist. Nat. Ins., Orthop. : 430, partim.
1874 Conocephalidae STÅL, Rec. Orth., Stockholm, **2** : 96, partim.
1878 Sagidae BRUNNER VON WATTENWYL, Monogr. Phaneropterinae, Wien : 11.
1895 Sagides SHARP, Cambridge Nat. Hist., London, **5** (Ins. 1) : 328.
1900 Sagini REDTENBACHER, Dermapt. Orth. Österr.-Ung. Deutschl., Wien : 102.
1906 Saginae KIRBY, Synonymic Cat. Orth., **2** : 222, partim.

Diagnosis: Die Saginae sind kaum mittelgroße bis sehr große Tettigoniidae von mehr oder weniger gestrecktem Körperbau. Am orthognath bis deutlich hypognath gestellten Kopf entspringen die meist mehr als körperlangen, besonders proximal auffällig verdickten, borstenförmigen Antennen zwischen den kugelförmig vorgewölbten Komplexaugen. Die Ozellen sind häufig reduziert, wobei der Median-Ozellus noch als Narbe erkennbar sein kann. Das Pronotum zeigt höchstens eine Andeutung der Seitenkiele, sein Hinterrand ist – besonders beim Männchen – oft stärker aufgebogen, eine Suprakoxal-Erweiterung in der Regel erkennbar. Allgemein verbreitet ist die Tendenz zur Verkürzung der Flugorgane. Holopter ist nur noch etwas mehr als ein Drittel der *Clonia*-Arten. Bei allen übrigen Saginae ist die Flügellänge mehr oder weniger stark verkürzt. Im Extremfall, bei den Weibchen von *Cloniella* und *Saga*, sind die Elytren bis auf seitliche Schüppchen rückgebildet. Bei den holopteren *Clonia*-Arten überragen die Alae die Elytren (Parapterie), während sie bei *Cloniella* und *Saga* im weiblichen Geschlecht nur noch als seitliche Hautfalten zu erkennen sind. Femora und Tibien der ersten beiden Beinpaare sind ventral zweizeilig mit langen, nadelförmigen oder kürzeren, kegelförmigen Dornen bewaffnet. Dorsale Enddornen fehlen allen Tibien. Im Vergleich zu den Vorder- und Mittelbeinen sind die Femora der Hinterbeine verhältnismäßig schlank. Die Cerci der Männchen sind nach innen gekrümmt und tragen einen kurzen, spitzen Apikalzahn. Ein Medialzahn ist nicht ausgebildet. Phallus weichhäutig, ohne sklerotisierte Elemente. Ober- und Unterrand des Ovipositor sind beim adulten Weibchen wenigstens distal gezähnelt.

Bisher sind 41 Arten der Saginae bekannt geworden.

Vorbemerkungen zu den Bestimmungsschlüsseln

Die Bestimmungsschlüssel ermöglichen die Identifizierung gut erhaltener, adulter Exemplare. Larven kann man mit Hilfe der in den Schlüsseln angegebenen Merkmale nicht bestimmen. Männliche Larven der Saginae tragen anstelle der imaginalen Flugorgane nur larvale Flügelanlagen, bei weiblichen Larven sind die Ovipositor-Ränder noch nicht gezähnelt, sondern glatt. Die Körperlänge ist stets vom Vorderrand des Fastigium verticis bis zum Hinterrand der Supraanalplatte gemessen, die Ovipositor-Länge von der Gonangulum-Basis bis zur Ovipositor-Spitze. Zur Bezeichnung der Elytrenlänge werden die von RAMME (1951, p. 27–28) vorgeschlagenen Termini verwendet. Abweichend von RAMME dient jedoch nicht die infolge der teleskopartigen Verschiebbarkeit der Segmente auch beim gleichen Individuum variierende Abdomenlänge, sondern die Pronotumlänge als Bezugsmaß: Faktor der relativen Flügellänge (F) = Elytrenlänge : Pronotumlänge. Holopter: F > 6,5; mesopter: F = 5,0–6,4; brachypter: F = 3,0–4,9; mikropter: F = 0.7–2,9. Als squamipter gelten Tiere mit bis auf schuppen- oder lanzettförmige Rudimente reduzierten Elytren, deren Innenränder sich höchstens noch distal überdecken. Die Alae sind in diesem Fall ganz oder bis auf winzige Schüppchen rückgebildet. Völlig aptere Formen kommen bei den Saginae nicht vor.

Bestimmungsschlüssel zu den Gattungen

1 Vertex vor den Komplexaugen stark verlängert (Fig. 10); Prosternum unbewehrt oder mit zwei kurzen Zapfen . . . . **4. *Peringueyella***, S. 72

1′ Vertex vor den Komplexaugen nicht oder kaum verlängert (Fig. 7–9); Prosternum mit zwei langen, nadelförmigen Dornen **2**

2 Tibien mit 6 Dornen in einer Reihe. ♂ und ♀ holopter bis mikropter . . . . . . **1. *Clonia***, S. 16

2′ Tibien mit mindestens 8 Dornen in einer Reihe. ♂ mikropter (Elytren etwa so lang wie das Pronotum oder kürzer), ♀ squamipter (Elytren bis auf kleine Schüppchen reduziert) **3**

3 Elytrenlappen des ♂ ohne aufgefaltetes Diskoidalfeld (Fig. 17). Elytrenschüppchen des ♀ schmal, länger als breit (Fig. 18). – Äthiopische Gattung . . . . **2. *Cloniella***, S. 47

3′ Elytrenlappen des ♂ mit aufgefaltetem Diskoidalfeld (Fig. 20, 21); Elytrenschüppchen des ♀ breiter als lang (Fig. 19). – Paläarktische Gattung . . . . **3. *Saga***, S. 50

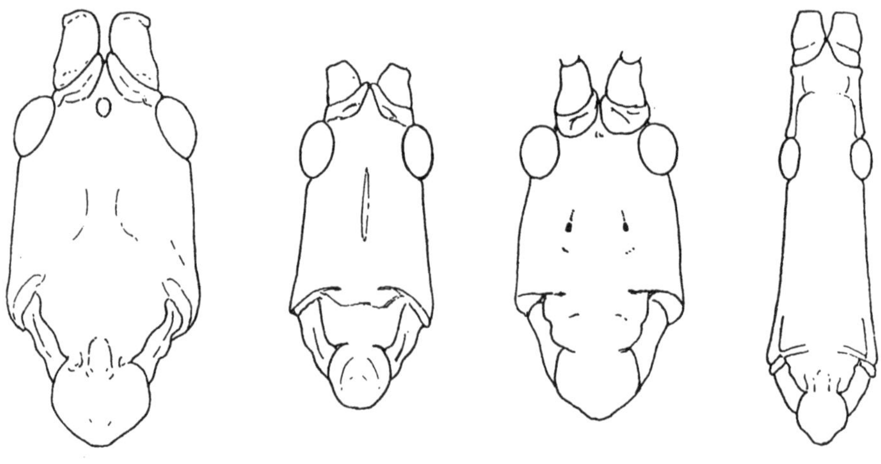

7 8 9 10

Fig. 7–10. Kopf der 4 Saginengattungen in Frontalansicht. – 7 = *Clonia multispina* UVAROV, 8 = *Cloniella praedatoria* (DISTANT), 9 = *Saga pedo* (PALLAS), 10 = *Peringueyella zulu* KALTENBACH (nach KALTENBACH 1967a und 1971).

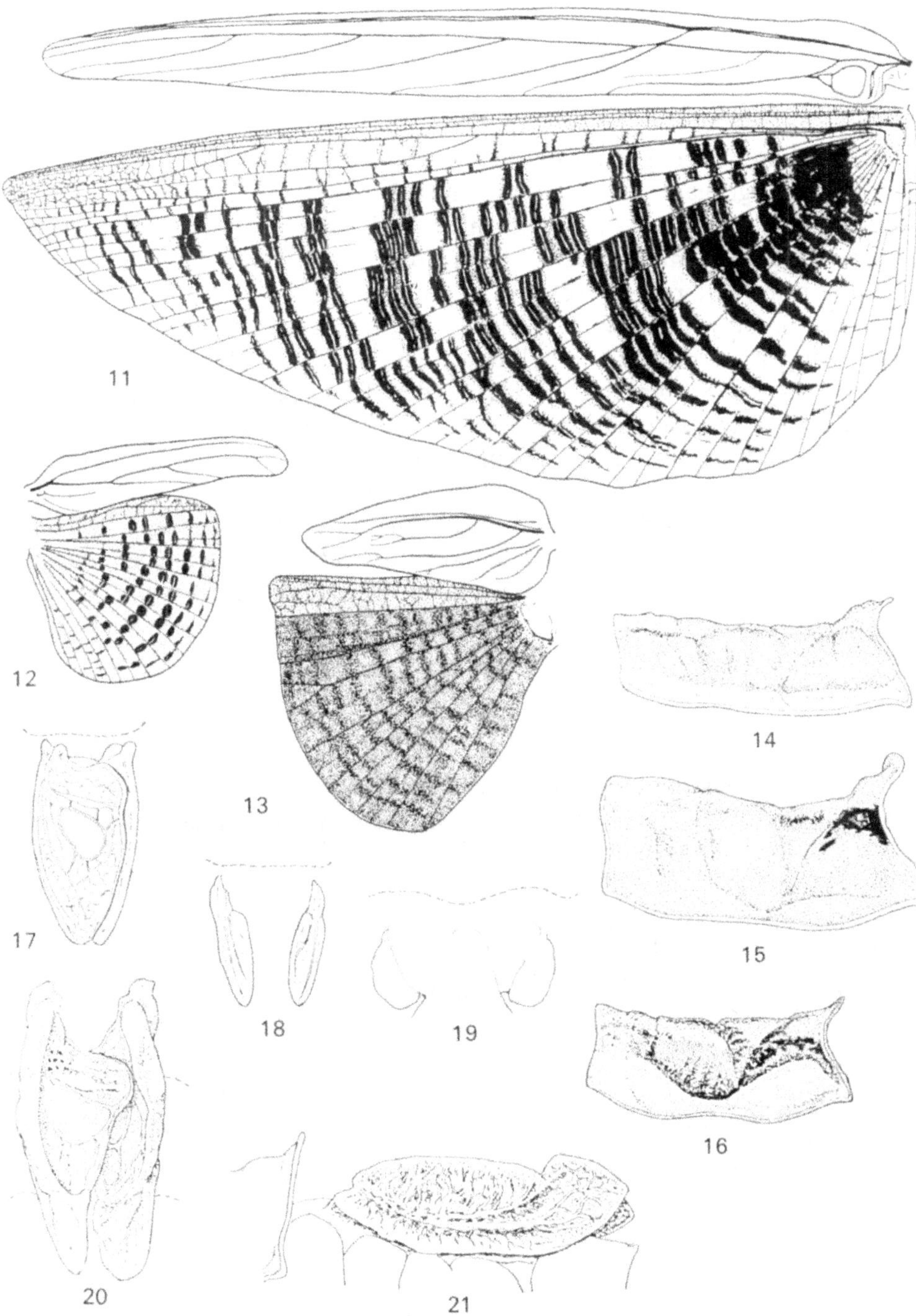

Fig. 11–21. Bestimmungsmerkmale der Saginae. – 11 = linkes Flügelpaar des ♂ von *Clonia (C.) zernyi* KALTENBACH, 12 = rechtes Flügelpaar des ♀ von *Clonia (X.) tessellata* SAUSSURE, 13 = linkes Flügelpaar des ♀ von *Clonia (H.) melanoptera* (LINNAEUS), 14 = Pronotum von *Clonia (C.) multispina* UVAROV (♀), 15 = Pronotum von *C. (C.) wahlbergi wahlbergi* STÅL (♀), 16 = Pronotum von *C. (L.) vittata* THUNBERG (♀), 17 = Elytren des ♂ von *Cloniella praedatoria* DISTANT, 18 = Elytren des ♀ von *C. praedatoria* DISTANT, 19 = Elytren des ♀ von *Saga natoliae* SERVILLE, 20 und 21 = Elytren des ♂ von *S. rammei* KALTENBACH (dorsal u. Profil) (nach KALTENBACH 1967a und 1971).

1. Genus **Clonia** STÅL

1855 *Clonia* STÅL, Öfversigt. k. Vetensk. Akad. Förh., Stockholm, **12** : 352. – Species typica (durch Monotypie): *Clonia wahlbergii* STÅL.
Literatur: STÅL 1874; SAUSSURE 1888, 1892; UVAROV 1942; KALTENBACH 1964, 1971.

Diagnosis: In Körpergröße und Erscheinungsform sowie hinsichtlich der Ausbildung der Flugorgane sehr unterschiedliche Formen. Die folgenden Merkmale weisen jedoch alle Arten auf: Vertex nicht verlängert, breit verrundet, ebenso Occiput. Pronotum mit deutlichen Querfurchen und mehr oder weniger stark aufgebogenem Hinterrand. Prosternum mit einem Paar schlanker, Meso- und Metasternum mit je einem Paar mehr gedrungener Dornen. Femora der ersten beiden Beinpaare ventral mit einer Doppelreihe starker Dornen bewaffnet, deren Zahl von Art zu Art verschieden ist. An den Tibien dieser Beinpaare sind in gleicher Weise – von Anomalien abgesehen – stets 6 Dornen pro Reihe ausgebildet. An den Hinterbeinen sind die Femora ventral, die Tibien ventral und dorsal mit einer wechselnden Zahl kleiner Dörnchen versehen. Die Cerci des Männchens sind einwärts gekrümmt, ihr Apikalzahn ist meist kurz und spitz. Subgenitalplatte des Weibchens apikal rundlich oder dreieckig ausgeschnitten; auch im letzten Fall mit abgerundetem Innenwinkel. Dorsalrand des Ovipositor flach konkav gekrümmt bis fast gerade, im distalen Teil ebenso wie der Ventralrand mit Körnchen- oder Zähnchenreihen.

Verbreitung: Äthiopisches Afrika. – 22 Arten.

Bestimmungsschlüssel zu den Untergattungen

1 Analfeld der Alae mit schmal oder breit dunkelbraun gesäumten Queradern auf hellem Grund (Fig. 11, 12); wenn Flügelgrund dunkelbraun (Fig. 76): schlanke, über 45 mm große, mikroptere Arten, deren Vorderfemora mindestens 1,4mal so lang sind, wie Kopf und Pronotum zusammen **2**

1′ Analfeld der Alae dunkelbraun bis pechbraun, manchmal mit violettem Glanz (Fig. 13). Gedrungene oder kleine (bis 42 mm Körperlänge), mikroptere Arten, deren Vorderfemora höchstens 1,2mal so lang sind, wie Kopf und Pronotum zusammen ...... **IV. *Hemiclonia***, S. 41

2 Grundfärbung der Alae zwischen den konzentrisch angeordneten, dunkelbraunen Flecken weißlich (Fig. 11) oder Analfeld dunkelbraun (Fig. 76; mikroptere Arten des Subgenus *Clonia*) **3**

2′ Grundfärbung der Alae zwischen den kleinen, meist breitovalen, dunkelbraunen Flecken ockergelb (Fig. 12) .... **III. *Xanthoclonia***, S. 38

3 Paranotalnaht gerade oder höchstens im Bereich der Metazona flach bogenförmig gekrümmt (Fig. 14, 15) .... **I. *Clonia***, S. 16

3′ Paranotalnaht einen stark gekrümmten Doppelbogen bildend (Fig. 16) .... **II. *Leptoclonia***, S. 34

I. Subgenus **Clonia** s. str.

Diagnosis: Kleine bis ziemlich große *Clonia*-Arten mit meist gut entwickelten, nur selten stark verkürzten Flugorganen. Körpergestalt schlank, die Weibchen

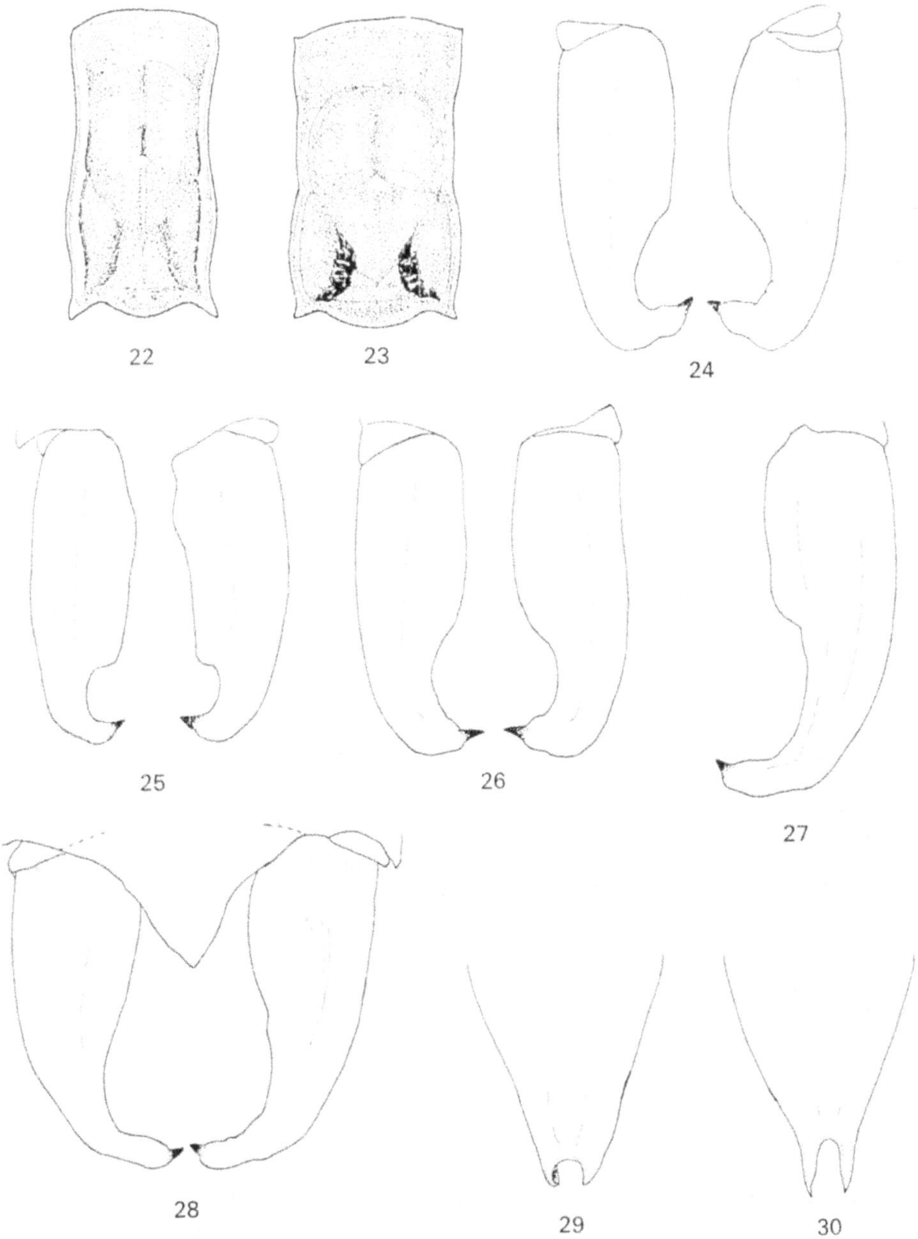

Fig. 22–30. Bestimmungsmerkmale der *Clonia*-Arten. – 22 = Pronotum von *Clonia (C.) multispina* UVAROV, 23 = Pronotum von *C. (C.) zernyi* KALTENBACH, 24 = Cerci des ♂ von *C. (C.) intermedia* KALTENBACH, 25 = Cerci des ♂ von *C. (C.) caudata* UVAROV , 26 = Cerci des ♂ von *C. (C.) uvarovi* KALTENBACH, 27 = Cercus des ♂ von *C. (C.) dewittei* KALTENBACH, 28 = Cerci des ♂ von *C. (C.) burri* UVAROV, 29 = Subgenitalplatte des ♀ von *C. (C.) uvarovi* KALTENBACH, 30 = Subgenitalplatte des ♀ von *C. (C.) burri* UVAROV (aus KALTENBACH 1971).

der größeren Arten mäßig robust. Vertex ohne dunkle, von der Medianlinie ausgehende Zeichnung. Pronotum fast immer mehr oder weniger sattelförmig, mit deutlich ausgeprägter Suprakoxal-Erweiterung und stärker aufgebogenem Hinterrand. Die Paranotalnaht verläuft gerade oder nur im metazonalem Teil flach bogenförmig. Hinterecken der Paranota spitzwinkelig oder zu einem kleinen Zipfel ausgezogen. Analfeld der Alae mit konzentrisch angeordneten, dunkelbraunen bis schwarzbraunen, die Queradern säumenden Flecken, die von einem etwas aufgehelltem, transparenten Hof eingefaßt werden und sich im basalen Flügelteil zu einer geschlossenen, fast schwarzen Fläche verdichten. Flügelgrund der Alae weißlich transparent. Gliedmaßen verhältnismäßig lang: Femora der Vorderbeine 1,4- bis 1,9mal so lang wie Kopf und Pronotum zusammen, der Hinterbeine 4,1- bis 6,4mal so lang wie das Pronotum.

Verbreitung: Äthiopisches Afrika. – 13 Arten.

Bestimmungsschlüssel zu den Arten

1 Elytren beim ♂ wenigstens 6,5mal, beim ♀ wenigstens 6mal so lang wie das Pronotum; wenn etwas kürzer: Zahl der Femoraldornen einer Reihe an den ersten beiden Beinpaaren im Reihendurchschnitt mindestens 9 oder Subgenitalplatte des ♀ breit dreieckig ausgeschnitten (Fig. 58; *caudata*) **2**

1′ Elytren beim ♂ höchstens 6,3mal, beim ♀ höchstens 5,5mal so lang wie das Pronotum. Zahl der Femoraldornen einer Reihe an den ersten beiden Beinpaaren im Reihendurchschnitt höchstens 8, nur die mikroptere *C. angolana* mit 9 Dornen **8**

2 Zahl der Femoraldornen einer Reihe an den ersten beiden Beinpaaren im Reihendurchschnitt wenigstens 7,9 .... **3**

2′ Zahl der Femoraldornen einer Reihe an den ersten beiden Beinpaaren im Reihendurchschnitt höchstens 7,6 .... **4**

3 Pronotumscheibe ohne schwarze Basalflecken, aber manchmal mit zwei blaßbraunen Basalstreifen beiderseits der Medianlinie (Fig. 22, 32, 33). Paranota mit breiter, scharf abgesetzter, heller Unterrandbinde (Fig. 14). Zahl der Femoraldornen einer Reihe an den ersten beiden Beinpaaren im Reihendurchschnitt 9,0–10,6 .... **1. *C.* (*C.*) *multispina***, S. 19

3′ Pronotumscheibe mit zwei scharf begrenzten, glänzend schwarzen Basalflecken (Fig. 23, 37). Paranota ohne helle Unterrandbinde. Zahl der Femoraldornen einer Reihe an den ersten beiden Beinpaaren im Reihendurchschnitt 7,9–9,8 .... **2. *C.* (*C.*) *zernyi***, S. 21

4 Paranota ohne helle Unterrandbinde (Fig. 15) **5**

4′ Paranota mit breiter, scharf abgesetzter, weißer, gelber oder hellgrüner Unterrandbinde (wie Fig. 14) **6**

5 Femora der Hinterbeine mindestens 42 mm lang; große, robuste Art .... **3. *C.* (*C.*) *wahlbergi***, S. 21

5′ Femora der Hinterbeine höchstens 40 mm lang; kleine, zarte Art **4. *C.* (*C.*) *saussurei***, S. 23

6 ♂: Medialpolster des Cercus höchstens bis zum letzten Drittel reichend. – ♀: Subgenitalplatte apikal eng und rundlich (nur bei Längsknickung scheinbar dreieckig) ausgeschnitten **7**

6′ ♂: Medialpolster des Cercus bis zum letzten Viertel reichend, fast rechtwinkelig abgesetzt (Fig. 25). – ♀: Subgenitalplatte apikal breit dreieckig ausgeschnitten (Fig. 58) .... **7. *C.* (*C.*) *caudata***, S. 26

7 ♂: Medialpolster des Cercus nach der Mitte abgesetzt (Fig. 24). – ♀: Ovipositor weniger als 4mal so lang wie das Pronotum: .... **5. *C.* (*C.*) *intermedia***, S. 24

7′ ♂: Medialpolster des Cercus in der Mitte abgesetzt (Fig. 54). – ♀: Ovipositor sehr schlank, mehr als 4mal so lang wie das Pronotum .... **6. *C.* (*C.*) *kalahariensis***, S. 25

8 Elytren mindestens 3,8mal so lang wie das Pronotum **9**

8′ Elytren höchstens 2,5mal so lang wie das Pronotum (♂; ♀ unbekannt) **15**
9 ♂ **10**
9′ ♀ **12**
10 Cercus distal allmählich verschmälert (Fig. 28). Elytren 4,0–5,0mal so lang wie das Pronotum .... **10. *C.* (*C.*) *burri*,** S. 29
10′ Cercus mit deutlich vorgewölbtem Medialpolster **11**
11 Medialpolster des Cercus nach der Mitte abgesetzt (Fig. 26). Elytren 5,8–6,3mal so lang wie das Pronotum .... **8. *C.* (*C.*) *uvarovi*,** S. 27
11′ Medialpolster des Cercus in der Mitte abgesetzt (Fig. 27). Elytren 4,8–5,2mal so lang wie das Pronotum .... **9. *C.* (*C.*) *dewittei*,** S. 28
12 Subgenitalplatte apikal rundlich ausgerandet, mit breiteren Lappen (Fig. 29) **13**
12′ Subgenitalplatte apikal tief rundlich ausgeschnitten, mit schmalen, spitzen Lappen (Fig. 30) **14**
13 Paranota ohne helle Unterrandbinde .... **8. *C.* (*C.*) *uvarovi*,** S. 27
13′ Paranota mit breiter, heller, scharf abgegrenzter Unterrandbinde .. **11. *C.* (*C.*) *jagoi*,** S. 31
14 Ovipositor weniger als 3,5mal so lang wie das Pronotum .... **9. *C.* (*C.*) *dewittei*,** S. 28
14′ Ovipositor mindestens 3,5mal so lang wie das Pronotum .... **10. *C.* (*C.*) *burri*,** S. 29
15 Medialpolster des Cercus (♂) endet vor dem letzten Drittel (Fig. 73) .... **12. *C.* (*C.*) *kenyana*,** S. 32
15′ Medialpolster des Cercus (♂) reicht bis zum letzten Viertel (Fig. 77) .... **13. *C.* (*C.*) *angolana*,** S. 33

1. Clonia (C.) multispina Uvarov

1942 *Clonia multispina* Uvarov, Proc. ent. Soc. London, (B) **11** (4) : 59, 62; Fig. 1 Mu, 2 Mu, ♂♀, partim. – Terra typica: Tukuyu, Tanganyika Territory (Typus, ♀: Brit. Mus. nat. Hist., London, Nr. 1925 – 160).
1909 *Clonia vittata*-Griffini, Ann. Soc. ent. Belge, Bruxelles, **53** : 22, ♀ (nec *Locusta vittata* Thunberg 1789).
1916 *Clonia wahlbergi*-Caudell, in: Wytsman, Genera Insectorum, Bruxelles, **167**: Taf. 1, Fig. 2, ♀ (nec *C. wahlbergi* Stål 1855).
Literatur: Kaltenbach 1971.

Diagnosis: Mittelgroße, schlanke Art. Pronotum-Hinterrand bei beiden Geschlechtern stärker aufgebogen. Suprakoxal-Erweiterung deutlich ausgeprägt. Elytren des Männchens 6,3- bis 8,3-, des Weibchens 6,0- (5,2) bis 7,8mal so lang wie das Pronotum. Femora der Vorderbeine lateral mit 10 (9) bis 12 Dornen. Zahl der Dornen einer Reihe an den Femora der ersten beiden Beinpaare im Reihendurchschnitt: 9,0 bis 10,6. Cercus-Innenpolster (Männchen) vor dem letzten Drittel verrundet oder kantig abgesetzt; Apikalzahn klein und spitz. Subgenitalplatte des Weibchens mit kleinem, rundlichen Ausschnitt am Apex. Ovipositor in der Regel nicht länger als 2,8mal so lang wie das Pronotum, ausnahmsweise 3,5mal so lang wie dieses. Distaler Ovipositorteil flach nach oben gekrümmt, dorsal und ventral fein gezähnelt.

Körperfärbung grün, bräunlich oder strohgelb. Pronotum beiderseits der Medianlinie oft mit schmalen oder breiteren, hell- bis dunkelbraunen Längsbinden; seltener nur an der Basis mit nach vorne etwas konvergierenden, blaßbraunen Streifen. Unterrand der Paranota mit breiter, scharf abgesetzter, weißer oder gelblicher Binde. Abdomen selten einfärbig, meist mit braunen oder weinroten, dorsal hell gesäumten Seitenbinden. Radialfeld der Elytren grün oder braun, mit

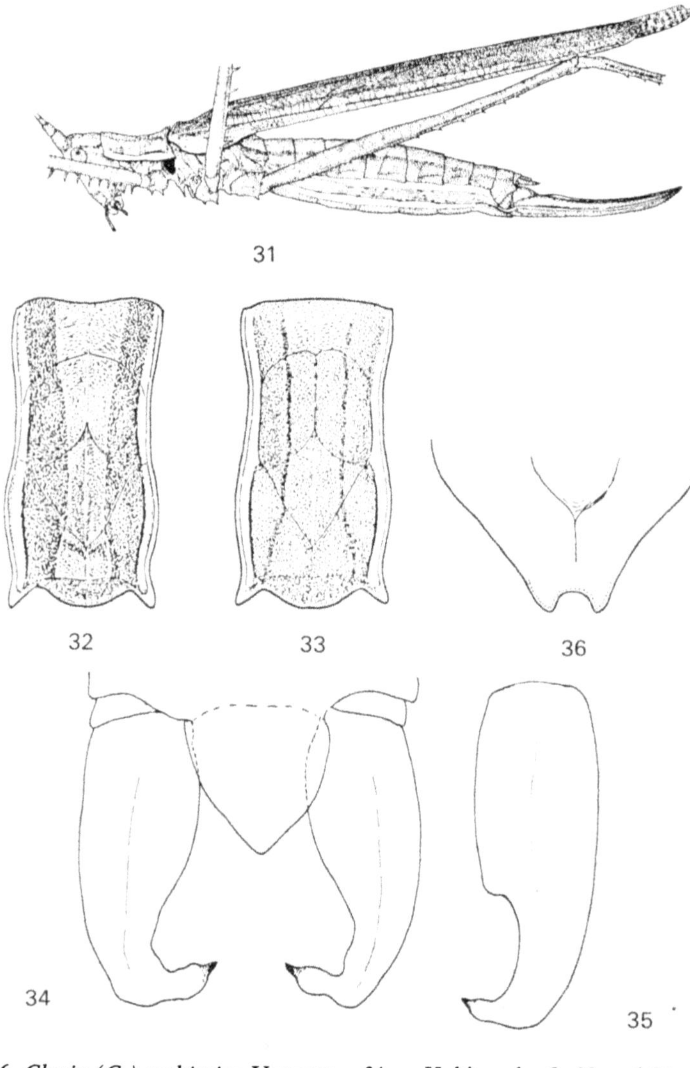

Fig. 31–36. *Clonia (C.) multispina* UVAROV. – 31 = Habitus des ♀, 32 und 33 = Pronotum, 34 und 35 = Cerci des ♂, 36 = Subgenitalplatte des ♀ (aus KALTENBACH 1971).

weißen, nicht immer deutlichen Längsflecken, ihr Analfeld rotbraun bis dunkelbraun, oft weiß geadert. Vorderrand der Alae gelblich, opak, Analfeld mit der in der Subgenus-Diagnose angegebenen Färbung und Zeichnung. Cerci des Männchens und Ovipositorspitze braun oder weinrot.

Maße in mm: Long. corp.: ♂ 45,0–58,0, ♀ 45,0–62,0; Long. pronoti: ♂ 7,1–9,5, ♀ 8,0–9,6; Long. elytr.: ♂ 50,0–63,0, ♀ 53,0 (46,2)–69,0; Long. fem. post.: ♂ 42,6–50,0, ♀ 43,0–52,5; Long. ovipos.: 21,2–30,2.

Verbreitung: Südliches Zentralafrika bis West-Tanzania.

2. Clonia (C.) zernyi Kaltenbach

1971 *Clonia (C.) zernyi* Kaltenbach, Beitr. Ent., Berlin, **21** : 421, 432; Fig. 14, 15, 35, 140; Taf. I, ZE, Taf. II, ZE, ♂♀. – Terra typica: Ugano, Matengo-Hochland, Ostafrika (Typus, ♂: Naturhist. Mus. Wien).

1942 *Clonia multispina* Uvarov, Proc. ent. Soc. London (B) **11** (4) : 59, ♂♀, partim.

Diagnosis: Etwas robuster als die vorige Art. Dieser, wie auch der folgenden Art in Größe und Erscheinungsbild recht ähnlich. Pronotum über den Koxen meist stärker seitlich erweitert; Hinterrand noch mehr aufgebogen als bei *multispina*. Elytren des Männchens 7,4- bis 8,5-, des Weibchens 6,5- bis 8,1mal so lang wie das Pronotum. Femora der Vorderbeine lateral mit 9 (8) bis 12 Dornen. Zahl der Dornen einer Reihe an den Femora der ersten beiden Beinpaare im Reihendurchschnitt 7,9 bis 9,8. Ovipositor 2,7- bis 3,2mal so lang wie das Pronotum.

Körperfärbung wie bei *C. multispina*. Pronotum-Scheibe mit je einem glänzend schwarzen Basalfleck beiderseits der Medianlinie. Paranota gegen den Unterrand zu höchstens schwach aufgehellt. Grundfarbe und Zeichnungsmuster der Flugorgane stimmt mit *C. multispina* überein.

Maße in mm: Long. corp.: ♂ 45,0–61,0, ♀ 54,0–66,0; Long. pronoti: ♂ 7,1–9,0, ♀ 8,2–10,0; Long. elytr.: ♂ 54,0–69,2, ♀ 61,0–73,0; Long. fem. post.: ♂ 39,4–53,0, ♀ 45,0–53,5; Long. ovipos.: 24,6–31,0.

Verbreitung: Ost- und Süd-Tanzania; Malawi.

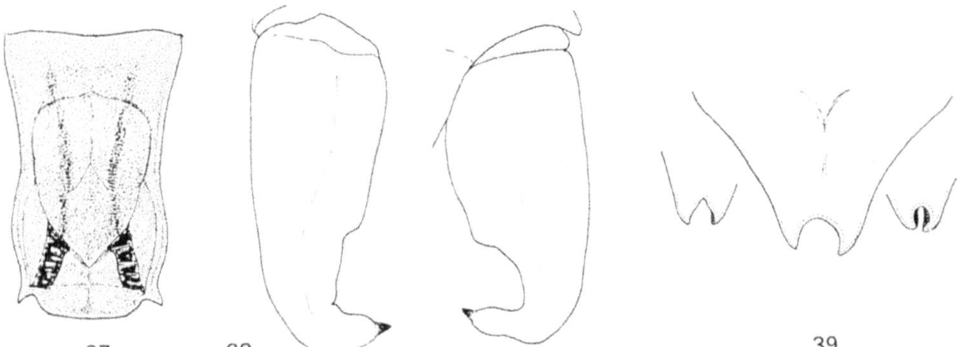

37 38 39

Fig. 37–39. *Clonia (C.) zernyi* Kaltenbach. – 37 = Pronotum, 38 = Cerci des ♂, 39 = Subgenitalplatte des ♀ (aus Kaltenbach 1971).

3. Clonia (C.) wahlbergi Stål

3a. Clonia (C.) wahlbergi wahlbergi Stål

1855 *Clonia wahlbergi* Stål, Ofversigt k. Vetensk. Akad. Förh., Stockholm, **12** : 352, ♂. – Terra typica: Port Natal (Typus, ♂: Naturhist. Riksmus. Stockholm).

1932 *Clonia vittata*-Akerman, Ann. Natal Mus., London, **7** : 143, ♂♀ (nec *Locusta vittata* Thunberg 1789).

1933 *Clonia wahlbergi*-SJÖSTEDT, Ark. Zool., Stockholm, Uppsala, **25 A**, No. 13 : 6; Taf. 4, Fig. 1 u. 2, (Photogr. der Type).

1942 *Clonia wahlbergi*-UVAROV, Proc. ent. Soc. London (B) **11** (4): 57, 61, 62; Fig. 1 W, 2 W, ♂♀.

Literatur: STÅL 1874; SAUSSURE 1888, 1892; UVAROV 1942; KALTENBACH 1971.

Diagnosis: Sehr ähnlich der vorigen Art; im weiblichen Geschlecht meist noch robuster. Vertex gewölbt. Pronotum, von dorsal gesehen, in der Regel deutlich nach vorn erweitert. Hinterrand bei beiden Geschlechtern stärker aufgebogen. Suprakoxal-Erweiterung gut ausgeprägt. Paranotalnaht oft nur bis zur vorderen Querfurche deutlich erkennbar. Elytren des Männchens 7,2- bis 8,8-, des Weib-

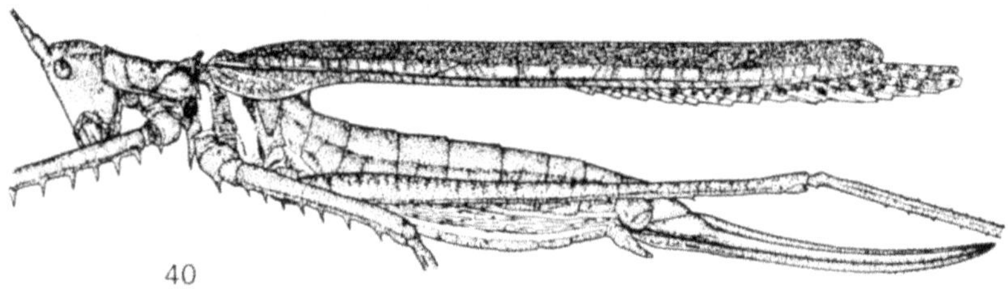

40

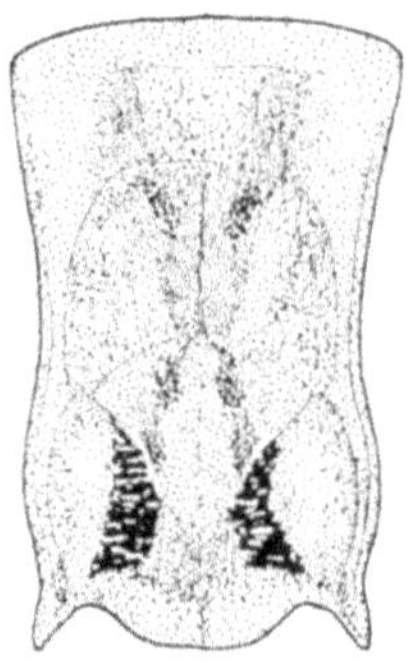

41

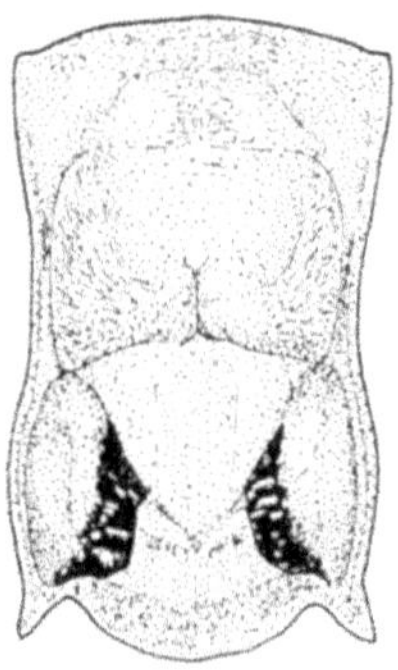

42

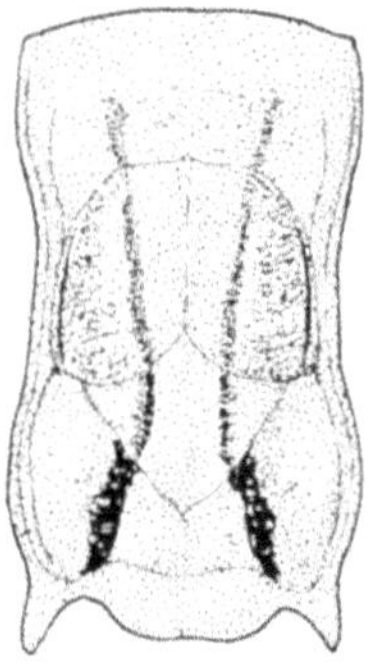

43

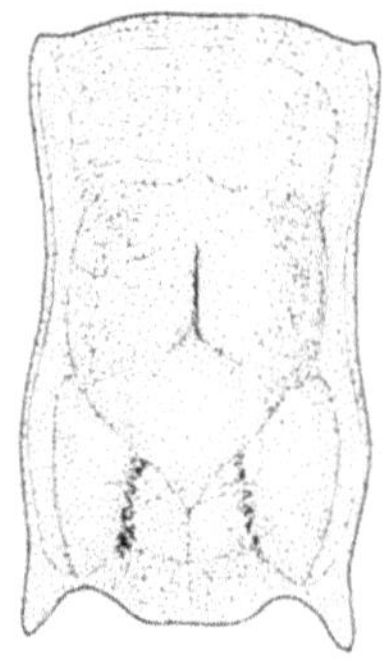

44

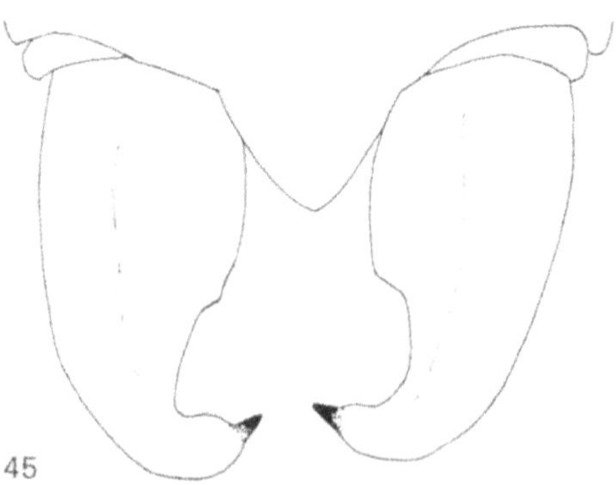

45

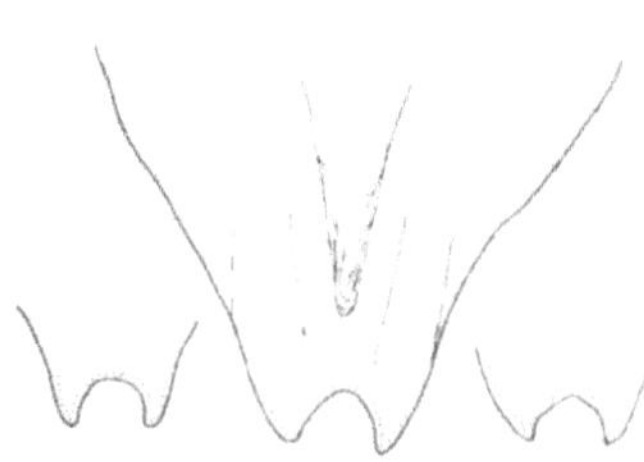

46

Fig. 40–46. *Clonia (C.) wahlbergi* STÅL. – 40 = Habitus des ♀, 41–44 = Pronotum (44 = *C.w. maculosa* WALKER), 45 = Cerci des ♂, 46 = Subgenitalplatte des ♀ (aus KALTENBACH 1971).

chens 6,5- (6,1-) bis 8,1mal so lang wie das Pronotum. Femora der Vorderbeine lateral mit 7, selten mit 8 Dornen. Zahl der Dornen einer Reihe an den Femora der ersten beiden Beinpaare im Reihendurchschnitt: 6,5 bis 7,6 (7,9). Cerci des Männchens gedrungen; Innenpolster vor dem letzten Drittel winkelig abgesetzt. Subgenitalplatte des Weibchens mit kleinem, runden Ausschnitt am Apex. Ovipositor mit gleichmäßig gekrümmten Unterrand, in der Länge variierend (2,6- bis 3,9mal so lang wie das Pronotum).

Körperfärbung und Zeichnungsmuster entsprechen *zernyi*. Für beide Arten sind die annähernd halbmondförmigen, glänzend schwarzen Basalflecken an der Pronotum-Basis kennzeichnend. Dorsum meist einfärbig grün oder braun, seltener mit braunen Seitenstreifen. Der Hinterrand der Tergitseiten ist bei manchen Tieren weiß gesäumt, der Ovipositor oft kastanienbraun gefärbt.

Maße in mm: Long. corp.: ♂ 42,0–56,5, ♀ 48,0–65,0; Long. pronoti: ♂ 7,2–9,0, ♀ 8,1–10,2; Long. elytr.: ♂ 57,0–71,6, ♀ 56,2–80,0; Long. fem. post.: ♂ 42,3–50,5, ♀ 44,5–55,5; Long. ovipos.: 24,5–36,0.

Verbreitung: Östlicher Teil des südlichen Afrika zwischen Oranje-Fluß und Zambesi.

3b. Clonia (C.) wahlbergi maculosa WALKER

1869 *Saga maculosa* WALKER, Cat. Brit. Mus. Dermapt. Saltat., **2** : 294, ♀ (nov. syn.). – Terra typica: „S. Africa" (Typus, ♀: Brit. Mus. nat. Hist., London).

1942 *Clonia maculosa*-UVAROV, Proc. ent. Soc. London, (B) **11** (4) : 57, 61, 62, ♂♀, partim.

1971 *Clonia (C.) wahlbergi variabilis* KALTENBACH, Beitr. Ent., Berlin, **21** : 435; Fig. 19, 36, 140, Taf. I, VA, ♂♀. – Terra typica: Nylstroom, Transvaal (Typus, ♂: Transvaal Museum, Pretoria).

Diagnosis: Die Subspecies *C. w. maculosa* stimmt mit der Nominatrasse weitgehend überein, jedoch sind die schwarzen Basalflecke auf der Pronotum-Scheibe viel schwächer ausgebildet und oft nur undeutlich erkennbar. Elytren des Männchens 6,8- bis 8,8-, des Weibchens 6,2- bis 7,9mal so lang wie das Pronotum. Die Zahl der Femoraldornen entspricht der Nominatrasse. Ovipositor 2,8- bis 4,0mal so lang wie das Pronotum.

Maße in mm: Long. corp.: ♂ 43,0–53,5, ♀ 52,5–62,5; Long. pronoti: ♂ 7,8–8,5, ♀ 8,0–10,0; Long. elytr.: ♂ 55,2–70,0, ♀ 56,1–75,0; Long. fem. post.: ♂ 42,0–52,5, ♀ 42,2–53,5; Long. ovipos.: 27,2–36,2.

Verbreitung: Westlich an das Verbreitungsgebiet der Nominatrasse anschließend von Transvaal und Botswana über Kapland bis Südwest-Afrika und das Barotseland.

4. **Clonia (C.) saussurei** KALTENBACH

1971 *Clonia (C.) saussurei* KALTENBACH, Beitr. Ent., Berlin, **21** : 421, 423, 436; Fig. 20, 37, 38, 140, Taf. I, SA, ♂♀. – Terra typica: Bothaville, Oranje Freistaat (Typus, ♂: Zool. Mus. Hamburg).

1888 *Clonia maculosa*-SAUSSURE, Ann. Soc. ent. France, Paris, (6), **8** : 141, 146, ♀ (nec *Saga maculosa* WALKER 1869).

1955 *Clonia vittata*-CHOPARD, S. Afr. Animal Life, **2** : 277, ♂ (nec. *Locusta vittata* THUNBERG 1789).

Diagnosis: Klein und für das Subgenus verhältnismäßig zierlich. Pronotum mit deutlicher Suprakoxal-Erweiterung und stärker aufgebogenem Hinterrand. Paranotalnaht im Bereich der Metazona flach gekrümmt. Elytren des Männchens 6,8- bis 7,5-, des Weibchens 6,3mal so lang wie das Pronotum. Femora der Vorderbeine lateral mit 7 Dornen. Zahl der Femoraldornen an den ersten beiden Beinpaaren im Reihendurchschnitt: 6,7 bis 6,9. Cerci des Männchens wie bei *wahlbergi.* Innenpolster vor dem letzten Drittel verrundet oder winkelig abgesetzt. Subgenitalplatte des Weibchens apikal tiefer ausgeschnitten als bei der vorigen Art. Ovipositor flach aufwärts gekrümmt und 3,7mal so lang wie das Pronotum.

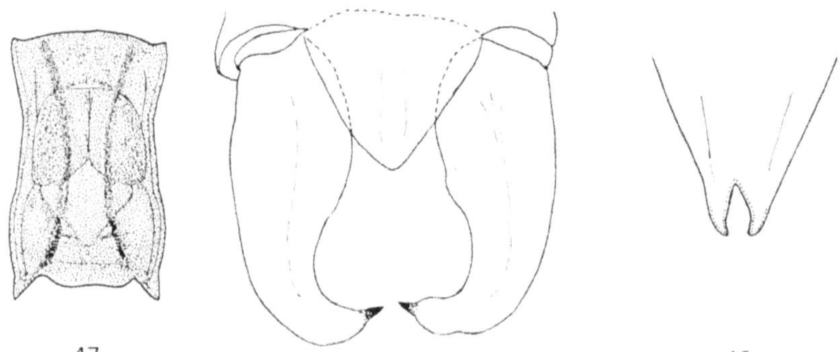

47 48 49

Fig. 47–49. *Clonia (C.) saussurei* KALTENBACH. – 47 = Pronotum, 48 = Cerci des ♂, 49 = Subgenitalplatte des ♀ (aus KALTENBACH 1971).

Farbtracht wie bei *C. wahlbergi maculosa.* Pronotumscheibe mit braunem Längsstreifen oder brauner Binde beiderseits der Medianlinie. Am Abdomen sind die braunen Längsbinden dorsal weiß gesäumt, bei manchen Individuen auch der Hinterrand der Tergitseiten.

Maße in mm: Long. corp.: ♂ 37,0–41,0, ♀ 44,0; Long. pronoti: ♂ 6,2–6,8, ♀ 7,2; Long. elytr.: ♂ 46,4–48,2, ♀ 45,5; Long. fem. post.: ♂ 34,5–38,0, ♀ 38,8; Long. ovipos.: 26,0.

Verbreitung: Südafrika.

5. **Clonia (C.) intermedia** KALTENBACH

1971 *Clonia (C.) intermedia* KALTENBACH, Beitr. Ent., Berlin, **21** : 421, 423, 436; Fig. 21, 22, 39, 140, Taf. I, IN, ♂♀. – Terra typica: Chianga, Angola (Typus, ♂: Brit. Mus. nat. Hist., London, 1965 – 21).

Diagnosis: Habitus wie *C. wahlbergi,* aber etwas schlanker. Körperfärbung und Pronotumzeichnung weitgehend mit der Subspecies *maculosa* von *C. wahlbergi* übereinstimmend. Die Paranota zeigen jedoch im Gegensatz zu *wahlbergi*

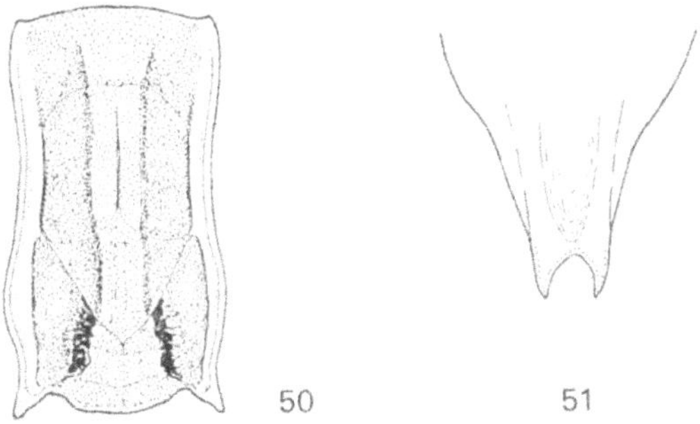

Fig. 50 u. 51. *Clonia (C.) intermedia* KALTENBACH. – 50 = Pronotum, 51 = Subgenitalplatte des ♀ (aus KALTENBACH 1971).

eine breite, helle Unterrandbinde. Femora der Vorderbeine lateral mit 7 (ausnahmsweise mit 8) Dornen. Zahl der Dornen einer Reihe an den Femora der ersten Beinpaare im Reihendurchschnitt: 6,7 bis 7,0. Cerci des Männchens etwas schlanker als bei *wahlbergi*. Subgenitalplatte des Weibchens apikal rundlich ausgeschnitten. Ovipositor 2,7mal so lang wie das Pronotum (gemessen am einzigen bekannten Weibchen).

C. intermedia ist von *C. wahlbergi* durch die helle Pronotum-Unterrandbinde zu unterscheiden, die allerdings auch *C. kalahariensis* und *C. caudata* aufweisen. Die Form des männlichen Cercus, die Länge des Ovipositors und bei *caudata* der breite Ausschnitt am Apex der Subgenitalplatte des Weibchens ermöglichen jedoch stets eine zweifelsfreie Zuordnung.

Maße in mm: Long. corp.: ♂ 45,0–56,0, ♀ 52,0; Long. pronoti: ♂ 7,0–8,5, ♀ 8,3; Long. elytr.: ♂ 56,0–71,6, ♀ 59,2; Long. fem. post.: ♂ 43,0–49,0, ♀ 46,2; Long. ovipos.: 22,5.

Verbreitung: Südliches Zentralafrika, Angola, Südwestafrika.

6. **Clonia (C.) kalahariensis** KALTENBACH

1971 *Clonia (C.) kalahariensis* KALTENBACH, Beitr. Ent., Berlin, **21**: 421, 423, 437; Fig. 23, 24, 40, 41, 102, 140; Taf. I, KA, ♂♀. – Terra typica: Twee Revieren, Kalahari Gemsbok National Park (Typus, ♂: Transvaal Museum, Pretoria).

1910 *Clonia wahlbergi*-KARNY, Denkschr. med.-naturwiss. Ges. Jena **16** : 49, partim („Kalahari") (nec *C. wahlbergi* STÅL 1855).

Diagnosis: Schlank; Pronotum zierlich, mit stärker aufgebogenem Hinterrand. Elytren des Männchens 7,3- bis 8,3-, des Weibchens 6,9- bis 7,3mal so lang wie das Pronotum. Femora der Vorderbeine lateral mit 7 Dornen. Zahl der Dornen einer Reihe an den Femora der ersten beiden Beinpaare im Reihendurchschnitt: 6,5 bis 7.0. Cerci des Männchens ähnlich *C. intermedia*. Subgenitalplatte des Weibchens mit kleinem, rundlichen Ausschnitt. Ovipositor sehr schlank und außergewöhnlich lang (4,3- bis 4,5mal so lang wie das Pronotum).

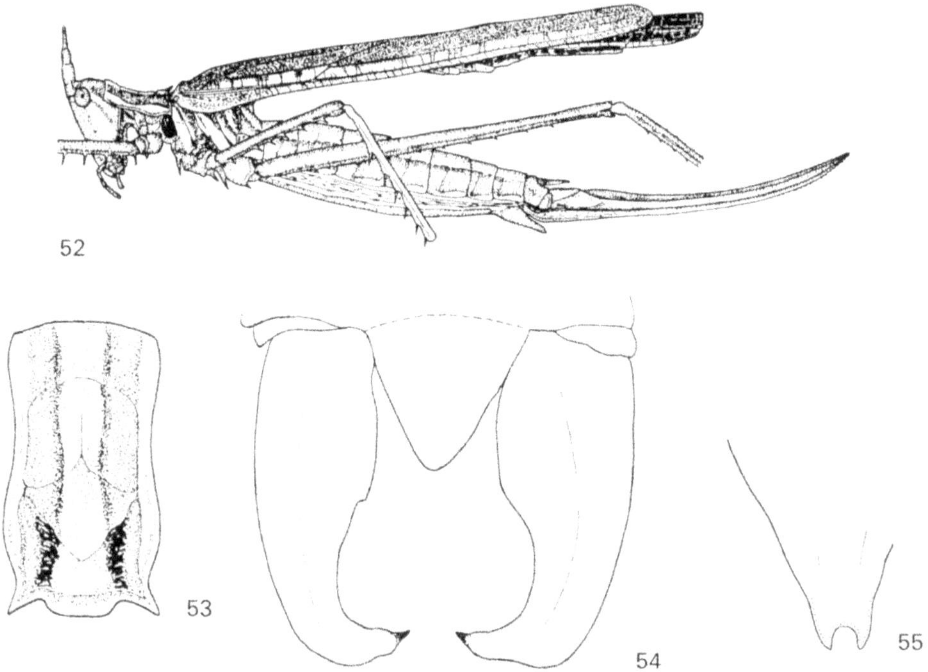

Fig. 52–55. *Clonia (C.) kalahariensis* KALTENBACH. – 52 = Habitus des ♀, 53 = Pronotum, 54 = Cerci des ♂, 55 = Subgenitalplatte des ♀ (aus KALTENBACH 1971).

Farbtracht: Unterrand der Paranota mit breiter, heller Binde. Besonders auffällig sind die weißen Spiegelflecken der Pleuren. Färbung und Zeichnung der Flugorgane entspricht dem Subgenus.

Maße in mm: Long. corp.: ♂ 40,0–51,0, ♀ 52,0; Long. pronoti: ♂ 6,6–8,0, ♀ 8,0–8,1; Long. elytr.: ♂ 50,0–60,0, ♀ 56,0–58,0; Long. fem. post.: ♂ 40,0–44,2, ♀ 43,5–44,0; Long. ovipos.: 34,5–36,3.

Verbreitung: Kalahari-Gemsbok-Nationalpark, Botswana, Kapland, Oranje-Freistaat.

7. **Clonia (C.) caudata** UVAROV

1942 *Clonia caudata* UVAROV, Proc. ent. Soc. London, (B) **11** (4) : 58, 61, 62; Fig. 1 C, ♀. – Terra typica: Grootfontein, S.W. Africa (Typus, ♀: Brit. Mus. nat. Hist., London, 1928 – 145).

1910 *Clonia wahlbergi*-KARNY, Denkschr. med.-naturwiss. Ges. Jena, **16** : 49, partim (nec *Clonia wahlbergi* STÅL 1855).

Literatur: KALTENBACH 1971.

Diagnosis: Meist mittelgroß, schlank, habituell *C. multispina* ähnlich. Pronotum mit deutlicher Suprakoxal-Erweiterung und mehr oder weniger stark aufgebogenem Hinterrand; Elytren des Männchens 6,8- bis 8,3-, des Weibchens 5,7-

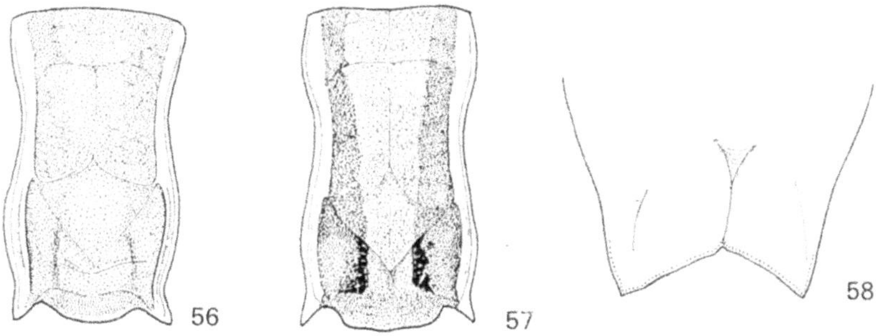

Fig. 56–58. *Clonia (C.) caudata* Uvarov. – 56 u. 57 = Pronotum, 58 = Subgenitalplatte des ♀ (aus Kaltenbach 1971).

(5,3-) bis 6,9mal so lang wie das Pronotum. Femora der Vorderbeine lateral mit 8 (ausnahmsweise mit 7) Dornen. Zahl der Dornen einer Reihe an den Femora der ersten beiden Beinpaare im Reihendurchschnitt 6,7 bis 7,5. Cerci des Männchens schlank, mit fast geradem oder leicht konkav gekrümmten Innenrand. Medialpolster subapikal kantig oder verrundet abgesetzt. Subgenitalplatte des Weibchens apikal breit dreieckig ausgeschnitten. Ovipositor in der Länge sehr variabel (2,9- bis 4,0mal so lang wie das Pronotum), mit gleichmäßig gekrümmtem Ober- und Unterrand.

Grundfärbung und Zeichnung wie bei *multispina*; das Zeichnungsmuster der Pronotum-Scheibe ist jedoch viel variabler als bei dieser Art. Schwarze Halbmondflecken an der Basis sind bei *caudata* häufig ausgebildet. Die helle Unterrandbinde ist bei guter Farberhaltung immer deutlich.

C. caudata ist durch die oben angegebenen Merkmale gut charakterisiert und mit keiner anderen Art zu verwechseln.

Maße in mm: Long. corp.: ♂ 40,0–50,2, ♀ 48,0–59,0; Long. pronoti: ♂ 6,5–8,0, ♀ 7,7–9,2; Long. elytr.: ♂51,0–62,0, ♀ 51,0 (41,2)–62,5; Long. fem. post.: ♂ 37,0-47,0, ♀ 42,2–54,4; Long. ovipos.: 26,0–35,0.

Verbreitung: Angola, Südwest-Afrika.

8. Clonia (C.) uvarovi Kaltenbach

1971 *Clonia (C.) uvarovi* Kaltenbach, Beitr. Ent., Berlin, **21** : 421, 423, 438; Fig. 27, 28, 44, 103, 141, ♂♀. – Terra typica: Pretoria, Transvaal (Typus, ♂: Brit. Mus. nat. Hist., London, 1960 – 331).

1900 ? *Clonia vittata*-Kirby, Ann. Mag. nat. Hist., London, (7) **6** : 211, 212 (nec *Locusta vittata* Thunberg 1789).

1942 *Clonia maculosa*-Uvarov, Proc. ent. Soc. London, (B) **11** (4) : 57, 61, 62, partim (nec *Saga maculosa* Walker 1869).

Diagnosis: Mit *C. wahlbergi* verwandt, durchschnittlich kleiner. Pronotum schwach sattelförmig, Suprakoxal-Erweiterung wenig ausgeprägt. Hinterrand

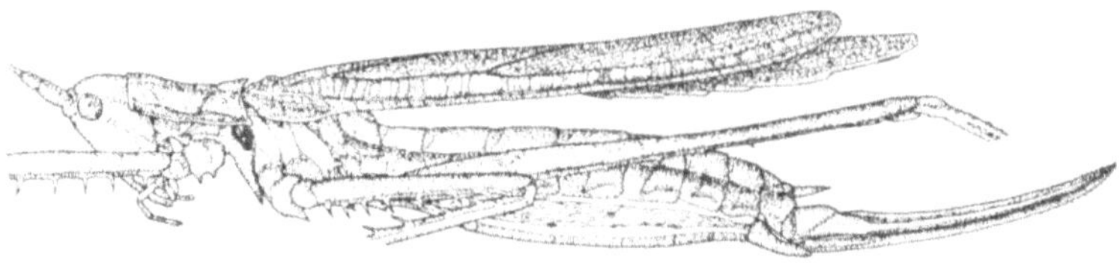

59

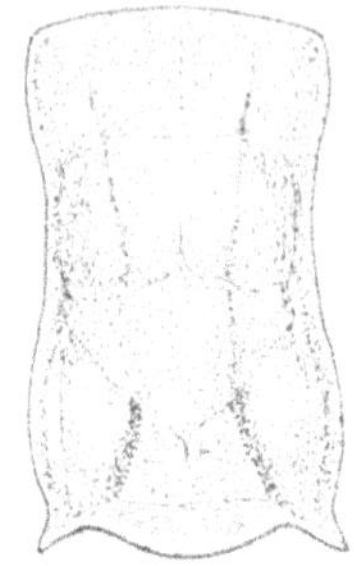

60

Fig. 59 u. 60. *Clonia (C.) uvarovi* KALTENBACH. – 59 = Habitus des ♀, 60 = Pronotum (aus KALTENBACH 1971).

des Pronotum meist stärker aufgebogen. Paranotalnaht fast bis zum Vorderrand deutlich. Elytren des Männchens 5,8- bis 6,3-, des Weibchens 4,4- bis 5,5mal so lang wie das Pronotum. Femora der Vorderbeine lateral mit 7 bis 8 Dornen. Zahl der Dornen einer Reihe an den Femora der ersten beiden Beinpaare im Reihendurchschnitt 6,5 bis 7,6. Cerci des Männchens und Ausrandung der Subgenitalplatte des Weibchens wie bei *wahlbergi*. Ovipositor 2,6- bis 3,2mal so lang wie das Pronotum.

Färbung und Zeichnungsmuster wie bei *C. wahlbergi maculosa*. Analfeld der Alae mit stark verbreiterten, konzentrisch angeordneten, braunen Flecken.

Maße in mm: Long. corp.: ♂ 45,0–48,0, ♀ 47,0–56,6; Long. pronoti: ♂ 7,5–8,5, ♀ 7,8–9,8; Long. elytr.: ♂ 45,6–51,5, ♀ 38,2–49,0; Long. fem. post.: ♂ 41,0–47,2, ♀ 38,2–46,4; Long. ovipos.: 23,5–28,0.

Verbreitung: Transvaal. Kapland ?

9. Clonia (C.) dewittei KALTENBACH

1971 *Clonia (C.) dewittei* KALTENBACH, Beitr. Ent., Berlin, **21** : 421, 425, 439; Fig. 29, 30, 45, 46, 104, 141, ♂♀. – Terra typica: Gorges de la Pelenge, Upemba-Nationalpark, Kongo-Republik (Typus, ♀: Brit. Mus. nat. Hist., London).

Diagnosis: Mittelgroß, *C. wahlbergi* nahestehend, mit verkürzten Flugorganen (Elytren des Männchens 4,8- bis 5,2-, des Weibchens 4,7- bis 4,9mal so lang wie das Pronotum). Suprakoxal-Erweiterung schwach, aber deutlich ausgeprägt. Femora der Vorderbeine lateral mit 7 Dornen. Zahl der Dornen einer Reihe an den Femora der ersten beiden Beinpaare im Reihendurchschnitt 6,7 bis 7,3. Cercus-Innenpolster des Männchens reicht bis zur Mitte und ist dann rundlich oder stumpfwinkelig abgesetzt. Subgenitalplatte des Weibchens apikal verhältnismäßig tief ausgeschnitten. Ovipositor kurz (2,6- bis 2,7mal so lang wie das Pronotum) und nur schwach gekrümmt).

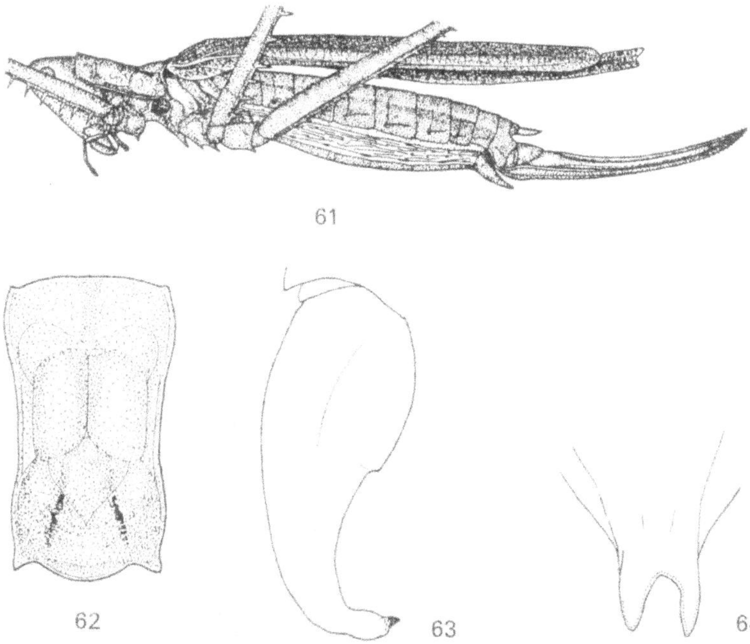

Fig. 61–64. *Clonia (C.) dewittei* KALTENBACH. – 61 = Habitus des ♀, 62 = Pronotum, 63 = linker Cercus des ♂, 64 = Subgenitalplatte des ♀ (aus KALTENBACH 1971).

Grundfärbung und Zeichnung ähnlich *C. uvarovi*; Pronotum-Scheibe an der Basis jedoch oft ohne braune Streifen zu beiden Seiten der Medianlinie. Unterrand der Paranota manchmal hell gesäumt (aber nie mit breiter heller Binde). Tergite bei einigen Tieren mit braun gesäumter Medianlinie und braunen Seitenflecken.

Maße in mm: Long. corp.: ♂ 46,0–49,0, ♀ 51,0–53,0; Long. pronoti: ♂ 8,5, ♀ 9,7–10,0; Long. elytr.: ♂ 41,2–44,2, ♀ 47,0–47,5; Long. fem. post.: ♂ 39,8–41,2, ♀ 42,0–43,0; Long. ovipos.: 26,0–26,2.

Verbreitung: Katanga, Ost-Zaire (Tanganyika-See).

10. **Clonia (C.) burri** UVAROV

1942 *Clonia burri* UVAROV, Proc. ent. Soc. London, (B) **11** (4) : 59, 62; Fig. 1 B, 2 B, ♂♀. – Terra typica: Vila Luso, Moxico dist., Angola (Typus, ♀: Brit. Mus. nat. Hist., London, 1928 – 2).
1928 *Saga* sp. BURR, Entomologist's Rec. J. Variation, London, (n. S.) **40** : 172.
1929 *Saga* sp. BURR, Entomologist's Rec. J. Variation, London, (n. S.) **41** : 142.

Diagnosis: Durchschnittlich kleiner und mehr robust gebaut. Pronotum walzenförmig, mit kaum erkennbarer Suprakoxal-Erweiterung und mehr oder weniger stark aufgebogenem Hinterrand. Elytren ebenso lang wie oder etwas kürzer als die Alae, beim Männchen 4,2- bis 4,9-, beim Weibchen 3,8- bis 4,8mal so lang

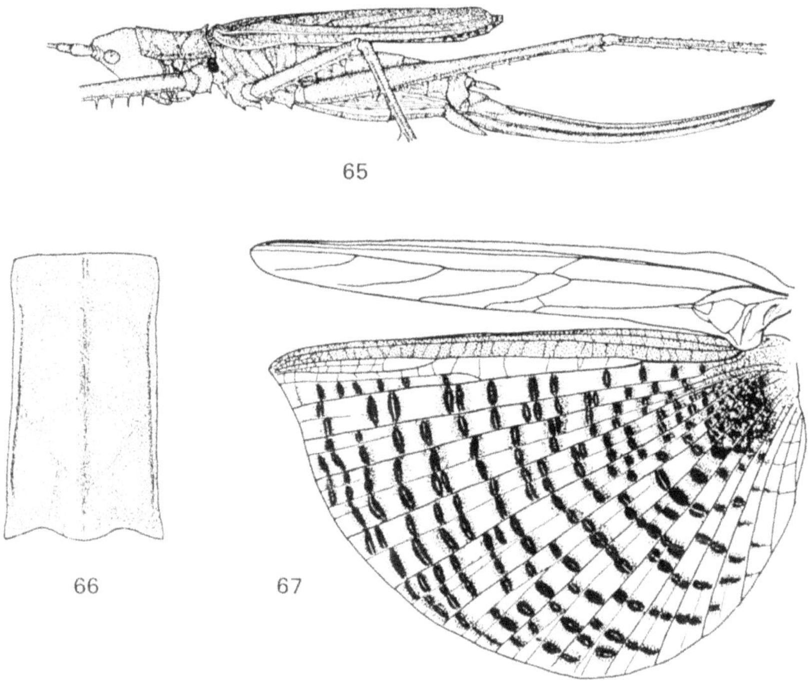

Fig. 65–67. *Clonia (C.) burri* UVAROV. – 65 = Habitus des ♀, 66 = Pronotum, 67 = linkes Flügelpaar des ♂ (aus KALTENBACH 1971).

wie das Pronotum. Femora der Vorderbeine lateral mit 7 (ausnahmsweise mit 8) Dornen. Zahl der Dornen einer Reihe an den Femora der ersten beiden Beinpaare im Reihendurchschnitt 6,6 bis 6,9. Cerci des Männchens von der Basis zur Spitze allmählich verschmälert, ohne deutlich vorgewölbtes Medialpolster. Subgenitalplatte des Weibchens apikal tief eingeschnitten, mit schmalen, spitzen Lappen. Ovipositor 3,5- bis 4,0mal so lang wie das Pronotum, schwach gekrümmt.

Grundfärbung hellgrün oder bräunlich. Pronotum-Scheibe einfärbig oder mit verwaschenem, blaßbraunen Medianstreifen. Paranota nahe dem Unterrand bei einigen Tieren mit einem schmalen, braunen Streifen. Elytren grün, ohne helle Flecken im Radialfeld, Analfeld braun. Fleckenzeichnung der Alae wie bei den holopteren Arten der *wahlbergi*-Gruppe.

C. burri ist durch das walzenförmige, nicht sattelförmige, über den Koxen kaum erweiterte Pronotum wie durch die medial nicht vorgewölbten Cerci des Männchens und die apikal tief ausgeschnittene Subgenitalplatte des Weibchens gegenüber den übrigen Arten der *wahlbergi*-Gruppe gut abgegrenzt. Sie ist auch die einzige brachyptere Art der Gruppe, bei der die Alae im ausgebreiteten Zustand nur ebenso lang wie oder sogar etwas kürzer als die Elytren sind.

Maße in mm: Long. corp.: ♂ 42,0–49,0, ♀ 47,5–53,0; Long. pronoti: ♂ 7,0–8,0, ♀ 8,0–8,6; Long. elytr.: ♂ 33,2–35,2, ♀ 32,6–38,0; Long. fem. post.: ♂ 36,5–37,8, ♀ 37,0–38,1; Long. ovipos.: 28,0–34,0.

Verbreitung: Ost-Angola.

11. **Clonia (C.) jagoi** KALTENBACH

1971 *Clonia (C.) jagoi* KALTENBACH, Beitr. Ent., Berlin, **21** : 423, 441; Fig. 49, 106, 141, ♀. – Terra typica: Mbisi Forest, Ufipa-Plateau, Tansania (Typus, ♀: Brit. Mus. nat. Hist., London, 1965 – 91).

Diagnosis: Mittelgroß, habituell *C. multispina* sehr ähnlich, aber brachypter. Pronotum nach hinten allmählich breiter werdend; Suprakoxal-Erweiterung nur schwach ausgeprägt. Pronotum-Hinterrand flach aufgebogen. Elytren nur 4,4mal so lang wie das Pronotum. Femora der Vorderbeine lateral mit 7 Dornen. Zahl der Dornen einer Reihe an den Femora der ersten beiden Beinhaare im Reihendurchschnitt 6,7. Subgenitalplatte des Weibchens apikal mit rundlicher Ausrandung. Ovipositor 3,0mal so lang wie das Pronotum, erst im letzten Drittel aufwärts gekrümmt.

Grundfärbung hellbraun (im Leben grün?). Pronotum-Scheibe beiderseits der Medianlinie mit einer breiten, dunkelbraunen Binde. Paranota mit breitem hellen Unterrandstreifen. Elytren mit heller Aderung und schmalen, weißen Flecken im Radialfeld. Tergite mit verwaschenen, dunkelbraunen, dorsal von einer weißen Linie scharf begrenzten Seitenflecken. Ovipositor hell ockerfarben, mit dunkelbrauner Spitze.

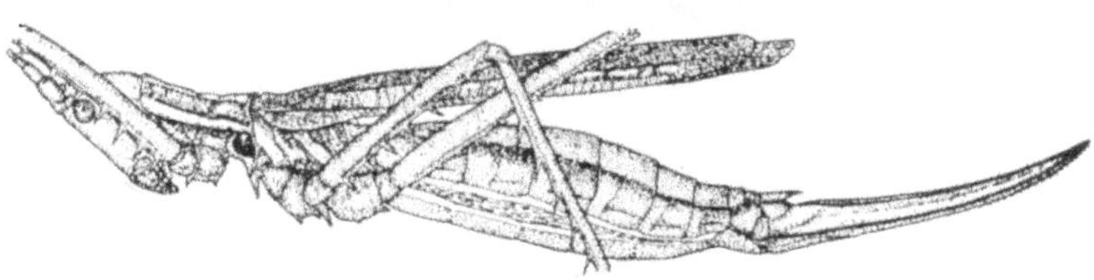

68

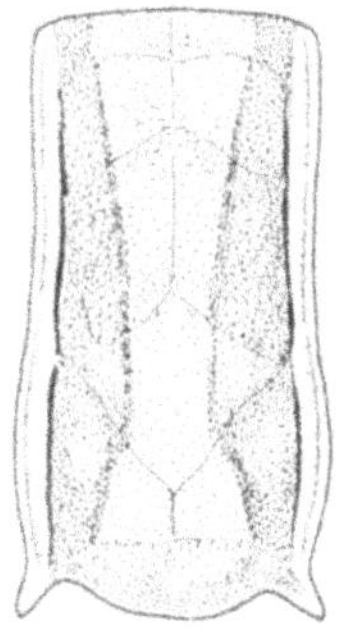

69

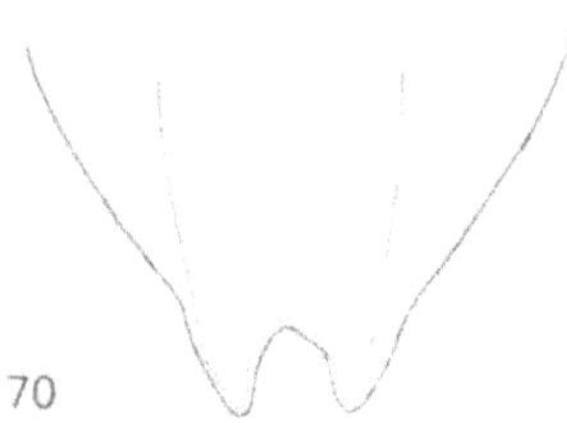

70

Fig. 68–70. *Clonia (C.) jagoi* KALTENBACH. – 68 = Habitus des ♀, 69 = Pronotum, 70 = Subgenitalplatte des ♀ (aus KALTENBACH 1971).

Das Männchen von *C. jagoi* ist noch nicht bekannt.

Maße in mm (♀): Long. corp.: 57,0; Long. pronoti: 9,1; Long. elytr.: 40,0; Long. fem. post.: 42,0; Long. ovipos.: 27,0.

Verbreitung: Südwest-Tanzania.

12. **Clonia (C.) kenyana** UVAROV

1942 *Clonia kenyana* UVAROV, Proc. ent. Soc. London, (B) **11** (4) : 60, 62; Fig. 2K, ♂. – Terra typica: Marsabit, Kenya (Typus, ♂: Brit. Mus. nat. Hist., London, 1935 – 267).
1937 *Hemiclonia* sp. BUXTON, Ann. Mag. nat. Hist., London, (10) **20** : 581.
Literatur: KALTENBACH 1971.

Diagnosis: Mittelgroße, schlanke, mikroptere Art. Pronotum mit deutlich ausgeprägter Suprakoxal-Erweiterung und mäßig aufgebogenem Hinterrand. Elytren des Männchens 2,0- bis 2,5mal so lang wie das Pronotum, die Alae überragend. Femora der Vorderbeine lateral mit 8 Dornen. Zahl der Dornen einer Reihe an den Femora der ersten beiden Beinpaare im Reihendurchschnitt 7,6 bis 7,7. Medialpolster der Cerci des Männchens bis vor das letzte Drittel reichend.

Grundfärbung hellbraun (lebende Tiere wahrscheinlich grün). Pronotum beiderseits der Medianlinie mit dunkelbraunen Längsbinden. Paranota ventral breit elfenbeinfarben gerandet. Kostalfeld und Radialfeld der Elytren hellgrün, Anal-

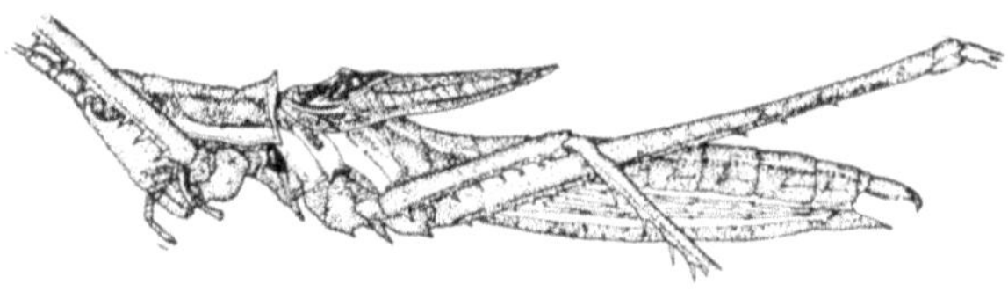

71

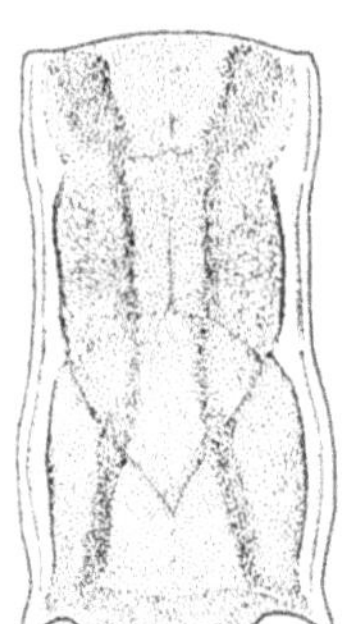

72

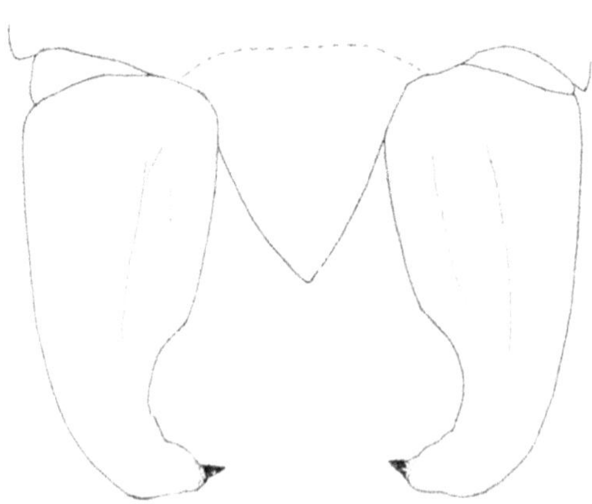

73

Fig. 71–73. *Clonia (C.) kenyana* UVAROV. – 71 = Habitus des ♂, 72 = Pronotum, 73 = Cerci des ♂ (aus KALTENBACH 1971).

feld braun. Vorderrand der Alae gelblich, Analfeld (ausgenommen die transparente Flügelbasis) dunkelbraun mit hyalinen Fenstern. Tergitseiten mit dunkelbraunen, dorsal weiß gesäumten Längsstreifen.

Maße in mm (♂; adultes ♀ nicht bekannt): Long. corp.: 48,0–54,2; Long. pronoti: 9,5–9,6; Long. elytr.: etwa 20,0–24,0 (Flügelspitzen der untersuchten Exemplare abgebrochen); Long. fem. post.: 38,8–42,6.

Verbreitung: Kenya.

13. **Clonia (C.) angolana** KALTENBACH

1971 *Clonia (C.) angolana* KALTENBACH, Beitr. Ent., Berlin, **21** : 421, 443; Fig. 33, 108, 141, ♂. – Terra typica: Capolopopo, Prov. Moçâmedes, Angola (Typus, ♂: Zool. Mus. Hamburg).

Diagnosis: Mittelgroß und sehr schlank, mit langen, schlanken Gliedmaßen. Pronotum mit deutlicher Suprakoxal-Erweiterung und nur schwach aufgebogenem Hintergrund. Elytren des Männchens 1,8mal so lang wie das Pronotum. Die Femora der Vorderbeine überragen den Vertex um mehr als das Zweifache und sind lateral mit 10 bis 11 Dornen bewaffnet. Zahl der Dornen einer Reihe an den Femora der ersten beiden Beinpaare im Reihendurchschnitt 9,0. Cerci des Männchens mit breitem, bis zum letzten Viertel der Cercuslänge reichenden Innenpolster.

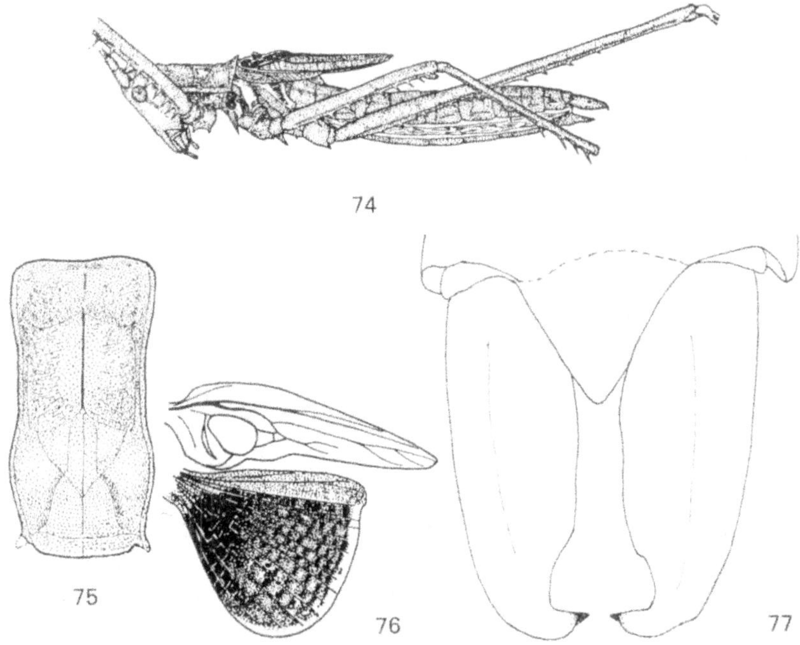

Fig. 74–77. *Clonia (C.) angolana* KALTENBACH. – 74 = Habitus des ♂, 75 = Pronotum, 76 = rechtes Flügelpaar des ♂, 77 = Cerci des ♂ (aus KALTENBACH 1971).

Elytren einfärbig braun. Vorderrand der Alae einschließlich des Radialfeldes hellbraun, proximaler Teil des Analfeldes, ausgenommen die Flügelbasis, einfärbig schwarz, distaler Teil dunkelbraun mit hyalinen Fenstern. Außenrand der Alae hyalin. Ursprüngliche Körperfärbung bei dem einzigen bekannten Exemplar, das offenbar lange in Alkohol aufbewahrt war, nicht mehr erkennbar.

Maße in mm (♂; ♀ nicht bekannt): Long. corp.: 56,0; Long. pronoti: 9,6; Long. elytr.: 17,4; Long. fem. post.: 47,0.

Verbreitung: Südwest-Angola.

II. Subgenus **Leptoclonia** Kaltenbach

1971 *Leptoclonia* Kaltenbach, Beitr. Ent., Berlin, **21** : 415. – Species typica (durch ursprüngliche Designation): *Locusta vittata* Thunberg.

Diagnosis: Kleine, schlanke, meist kontrastreich gezeichnete Arten. Holopter, mit starker Tentenz zur Verkürzung der Flugorgane, oder mikropter. Vertex meist mit heller, oft von einer schwarzen Zeichnung eingefaßten Medianlinie. Pronotum sattelförmig, mit ausgeprägter Suprakoxal-Erweiterung und mehr oder weniger stark aufgebogenem Hinterrand. Paranotalnaht stark doppelbo-

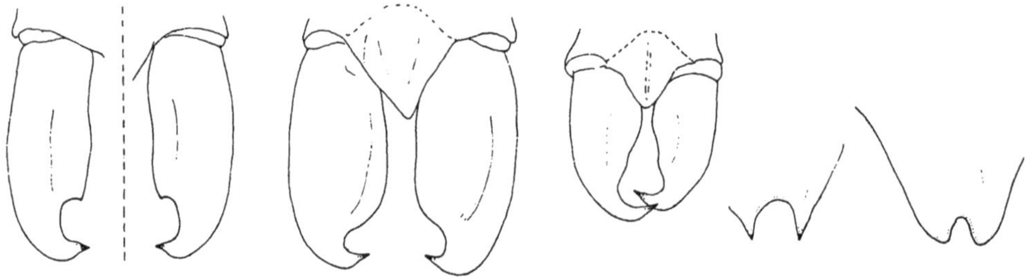

78 79 80 81 82

Fig. 78–82. Bestimmungsmerkmale der *Leptoclonia*-Arten. – 78 = Cerci des ♂ von *C. (L.) vittata* (Thunberg), 79 = Cerci des ♂ von *C. (L.) vansoni* Kaltenbach, 80 = Cerci des ♂ von *C. (L.) minuta* (Haan), 81 = Subgenitalplatte des ♀ von *C. (L.) vittata* (Thunberg), 82 = Subgenitalplatte des ♀ von *C. (L.) vansoni* Kaltenbach (aus Kaltenbach 1971).

gig, der unter ihr liegende Ventralrand der Paranota leuchtend weiß oder wenigstens stark aufgehellt. Hinterecken der Paranota spitzwinkelig oder schmal zipfelförmig ausgezogen. Analfeld der Alae wie beim Subgenus *Clonia* mit schmal bis breit dunkelbraun gesäumten Queradern und hyalinen Zwischenräumen. Vorderschenkel 1,1- bis 1,5mal so lang wie Kopf und Pronotum zusammen. Hinterschenkel 4,8- bis 6,6mal so lang wie das Pronotum.

Verbreitung: Südafrika und Südwestafrika. – 3 Arten.

Bestimmungsschlüssel zu den Arten

1 Elytren mindestens 3,5mal so lang wie das Pronotum. Cerci des ♂ mit bis zum letzten Viertel reichendem Medialpolster **2**

1′ Elytren höchstens 3mal so lang wie das Pronotum. Cerci des ♂ distal allmählich verschmälert (Fig. 80) .... **16. *C.* (*L.*) *minuta*,** S. 37

2 ♂: Cerci schlank, Medialpolster mit geradem oder schwach konkaven Rand (Fig. 78). – ♀: Subgenitalplatte mit apikal zugespitzten Lappen (Fig. 81) .... **14. *C.* (*L.*) *vittata*,** S. 35

2′ ♂: Cerci gedrungen, Medialpolster mit konvexem Rand (Fig. 79). – ♀: Subgenitalplatte mit apikal verrundeten Lappen (Fig. 82) .... **15. *C.* (*L.*) *vansoni*,** S. 36

14. **Clonia (L.) vittata** (THUNBERG)

1789 *Locusta vittata* THUNBERG, Nov. Spec. Ins., **5** : 102, ♀. – Terra typica: „Carro inter Olyfants rivier & Slang rivier" (Typus, ♀: Ent. Departm., Univ. Uppsala).

1910 *Clonia wahlbergi*-KARNY, Denkschr. med.-naturwiss. Ges. Jena, **16** : 49, partim (nur das ♂ von Chamis) (nec *Clonia wahlbergi* STÅL 1855).

1942 *Clonia turneri* UVAROV, Proc. ent. Soc. London, (B) **11** (4) : 60, 62, ♂ (syn.: KALTENBACH 1971). – Terra typica: Aus, Südwestafrika (Typus, ♂: Brit. Mus. nat. Hist., London).

Literatur: UVAROV 1942; KALTENBACH 1971.

Diagnosis: Klein, holopter bis brachypter. Pronotumform und Verlauf der Paranotalnaht wie in der Subgenus-Diagnose angegeben. Elytren des Männchens 4,6 bis 8,5, des Weibchens 5,4 bis 8,0mal so lang wie das Pronotum. Femora der Vorderbeine lateral mit 7 Dornen. Zahl der Dornen an den Femora der ersten beiden Beinpaare im Reihendurchschnitt 6,3 bis 7,0. Cerci des Männchens

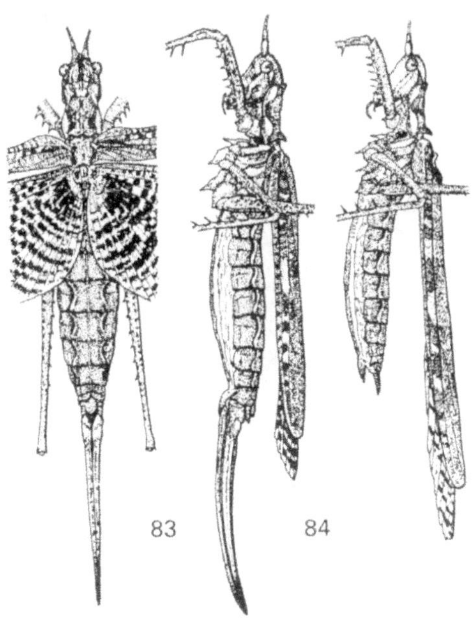

83 84 85

Fig. 83–85. *Clonia (L.) vittata* (THUNBERG), Habitus von ♀ und ♂ (aus KALTENBACH 1971).

schlank; Innenlappen mit fast geradem oder leicht konkavem Rand. Apikalzahn schlank und spitz. Subgenitalplatte des Weibchens apikal tief ausgeschnitten, mit spitzen Lappen. Ovipositor nach dem zweiten Drittel flach gekrümmt und verhältnismäßig lang (3,6- bis 4,9mal so lang wie das Pronotum).

Bunte, auffällig dunkelbraun und weiß gezeichnete Art. Grundfärbung (bei Trockenkonservierung) braun, oft mit grünem Anflug, seltener grün. Eine helle bis weiße Medianlinie verläuft vom Vertex über Pronotum-Scheibe und Abdomenrücken. Halbmondförmige, schwarze Flecken an der Basis der Pronotum-Scheibe sind regelmäßig vorhanden. Zu beiden Seiten der Medianlinie ziehen wellenförmige braune bis schwarze Linien oder Bänder über den Abdomenrükken. Das basal erweiterte Kostalfeld der Elytren ist oft hellgrün, Radialfeld und Analfeld sind dunkelbraun bis dunkelgrau mit hellbrauner bis weißer Aderung. Das Radialfeld zeigt eine weiße Fleckenreihe. Der Ovipositor ist wenigstens im distalen Abschnitt braun gefärbt.

Maße in mm: Long. corp.: ♂ 31,0–38,0, ♀ 38,0–47,5; Long. pronoti: ♂ 4,6–6,0, ♀ 6,0–7,8; Long. elytr.: ♂ 21,2–46,6, ♀ 32,5–52,2; Long. fem. post.: ♂ 27,6–34,6, ♀ 30,8–39,4; Long. ovipos.: 22,6–31,0.

Verbreitung: Südwestafrika, Kapland, Oranje Freistaat.

15. **Clonia (L.) vansoni** KALTENBACH

1971 *Clonia (L.) vansoni* KALTENBACH, Beitr. Ent., Berlin, **21** : 425, 446; Fig. 54, 55, 65, 112–114, 142, ♂♀. – Terra typica: Van Rhyn's-Dorp, Kap-Provinz (Typus, ♂: Brit. Mus. nat. Hist., London).

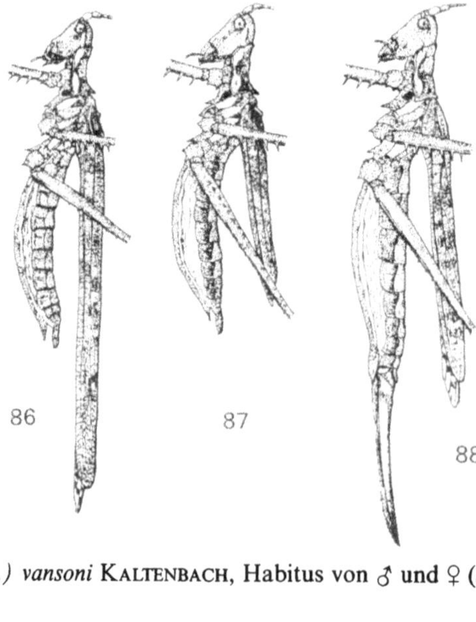

Fig. 86–88. *Clonia (L.) vansoni* KALTENBACH, Habitus von ♂ und ♀ (aus KALTENBACH 1971).

Diagnosis: Habituell *C. vittata* sehr ähnlich. Die Variationsbreite der Körpermaße und Dornenzahlen ist wahrscheinlich etwas größer als unten angegeben. Elytren des Männchens 4,7- bis 7,8-, des Weibchens 3,5-bis 5,6mal so lang wie das Pronotum. Zahl der Dornen an den Femora der ersten beiden Beinpaare im Reihendurchschnitt 6,5 bis 6,7. Cerci des Männchens plump; Innenlappen wie bei *vittata* über das dritte Viertel hinausreichend, aber nicht mit geradem, sondern mit konvex vorgewölbtem Rand. Subgenitalplatte des Weibchens apikal tief ausgeschnitten, mit abgerundeten Lappen. Ovipositor 3,6- bis 4,0mal so lang wie das Pronotum. Unterrand erst nach dem dritten Viertel schwach aufwärts gekrümmt.

Maße in mm: Long. corp.: ♂ 32,0–38,0, ♀ 33,0–36,0; Long. pronoti: ♂ 4,5–5,8, ♀ 5,2–6,0; Long. elytr.: ♂ 27,2–36,0, ♀ 19,0–29,2; Long. fem. post.: ♂ 28,2–34,0, ♀ 30,2–31,5; Long. ovipos.: 20,6–21,6.

Verbreitung: Westliches Kapland.

16. **Clonia (L.) minuta** (HAAN)

1842 *Locusta (Saga) minuta* HAAN, Bijdr. Kenn. Orth. : 209, ♀. – Terra typica: „Promontorium bonae spei" (Typus,♀: Rijksmus. natuurl. Historie, Leiden).
Literatur: UVAROV 1942; KALTENBACH 1971.

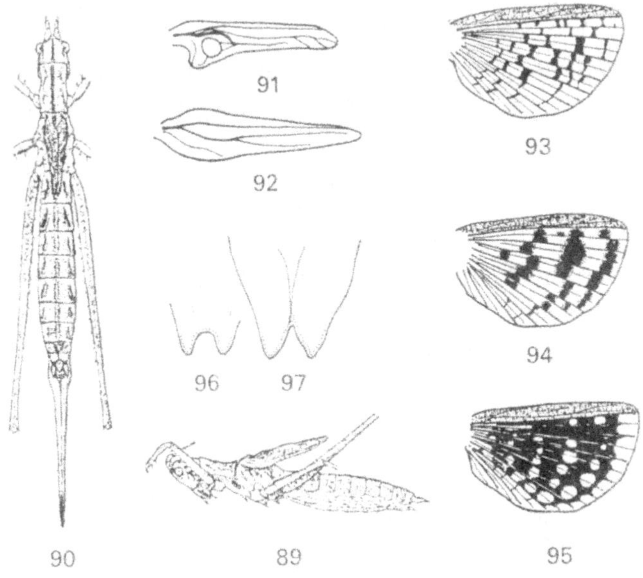

Fig. 89–97. *Clonia (L.) minuta* (HAAN). – 89 und 90 = Habitus von ♂ und ♀, 91 = rechtes Elytron des ♂, 92 = rechtes Elytron des ♀, 93–95 = rechte Ala, Variabilität der Flügelzeichnung, 96 und 97 = Subgenitalplatte des ♀ (aus KALTENBACH 1971).

Diagnosis: Kleinste bekannte Art des Subgenus *Leptoclonia*. Mikropter, sonst den beiden vorigen Arten recht ähnlich. Elytren des Männchens 2,5- – 2,8- des Weibchens 2,0- bis 2,5mal so lang wie das Pronotum. Elytrenenden beim Männchen mehr abgerundet, beim Weibchen mehr zugespitzt. Femora der Vorderbeine lateral mit 7 Außendornen. Zahl der Dornen an den Femora der ersten beiden Beinpaare im Reihendurchschnitt 6,5 bis 6,8. Cerci des Männchens medial mehr oder weniger stark ausgebuchtet, Köpfchen schlank, mit spitzem Apikalzahn. Subgenitalplatte des Weibchens apikal rundlich ausgeschnitten, mit stumpfspitzigen Lappen. Ovipositor 3,6- bis 4,5mal so lang wie das Pronotum, nur sehr schwach nach oben gekrümmt.

Das Zeichnungsmuster ist bei den Weibchen meist kontrastreicher ausgeprägt, vor allem ist hier die schwarzgesäumte Medianlinie sehr deutlich. Die Fleckenzeichnung der Alae variiert bei beiden Geschlechtern stark. Von wenigen schwarzen Querstreifen bis zu einem bis auf helle Fenster und einen hellen Außenrand und Innenrand völlig geschwärzten Analfeld finden sich alle Übergänge.

Maße in mm: Long. corp.: ♂ 27,0–31,0, ♀ 23,0–38,2; Long. pronoti: ♂ 4,0–4,4, ♀ 4,5–6,0; Long. elytr.: ♂ 10,0–11,5, ♀ 9,0–14,0; Long. fem. post.: ♂ 22,5–25,5, ♀ 27,0–31,2; Long. ovipos.: 16,0–25,0.

Verbreitung: Südwestliches Kapland.

III. Subgenus **Xanthoclonia** KALTENBACH

1971 *Xanthoclonia* KALTENBACH, Beitr. Ent., Berlin, **21** : 417. – Species typica (durch ursprüngliche Designation): *Clonia tessellata* SAUSSURE.

Diagnosis: Klein bis mittelgroß. Vertex ohne Zeichnung oder mit braun gesäumter Medianlinie. Pronotum mit schwach ausgeprägter Suprakoxal-Erweiterung und meist stärker aufgebogenem Hinterrand. Paranotalnaht fast gerade oder flach doppelbogig. Hinterecken der Paranota spitzwinkelig oder in einen kleinen Zipfel ausgezogen. Alae einheitlich hellockergelb gefärbt mit konzentrisch angeordneten, lanzettförmigen bis breitovalen schwarzbraunen Flecken ohne Hof. Vorderschenkel 1,1- bis 1,3mal so lang wie Kopf und Pronotum zusammen, Hinterschenkel 4,3- bis 5,3mal so lang wie das Pronotum.

Verbreitung: Südafrika. – Eine Art.

17. **Clonia (X.) tessellata** SAUSSURE

1888 *Clonia tessellata* SAUSSURE, Ann. Soc. ent. France, Paris, (6) **8** : 140, 143, ♂. – Terra typica: „L'Afrique méridionale" (Lectotypus, ♂ : Mus. Hist. nat., Genève).
1892 *Clonia tessellata*-SAUSSURE, Ann. Soc. ent. France, Paris, (6) **61** : 15, ♀.
Literatur: UVAROV 1942; KALTENBACH 1971.

Diagnosis: Klein bis knapp mittelgroß, schlank (große Weibchen mäßig robust), mikropter. Elytren des Männchens 1,6- bis 2,3-, des Weibchens 2,0- bis

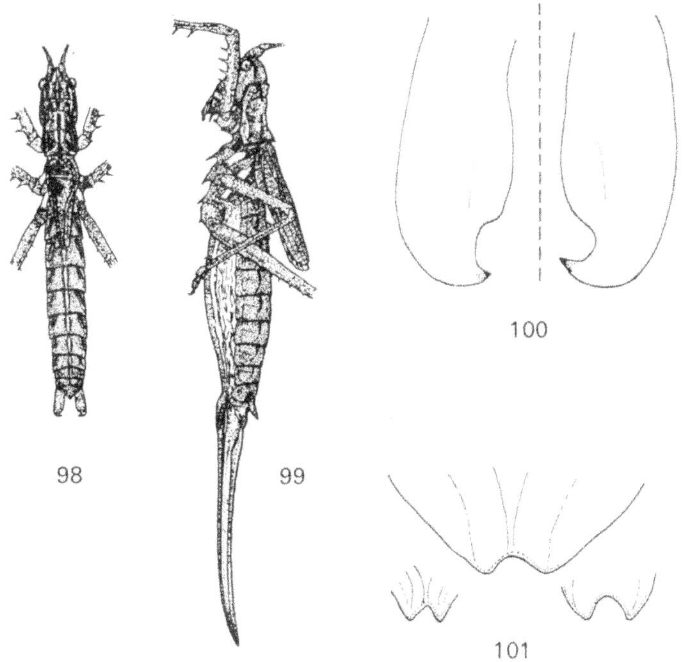

Fig. 98–101. *Clonia (X.) tessellata* SAUSSURE. – 98 und 99 = Habitus von ♂ und ♀, 100 = Cerci des ♂, 101 = Subgenitalplatte des ♀ (aus KALTENBACH 1971).

2,1mal so lang wie das Pronotum. Femora der Vorderbeine lateral mit 7 Dornen. Zahl der Dornen an den Femora der ersten beiden Beinpaare im Reihendurchschnitt 6,3 bis 7,1. Cerci des Männchens mit gegen den Apex zu allmählich verbreitertem Innenlappen. Subgenitalplatte des Weibchens flach bis mäßig tief ausgeschnitten. Ovipositor nur wenig gekrümmt, 3,1- bis 3,9mal so lang wie das Pronotum.

Grundfärbung braun oder grün. Individuen mit vollständig entwickeltem Zeichnungsmuster zeigen eine vom Fastigium verticis über die Pronotum-Scheibe bis zum Abdomenende reichende helle, braun gesäumte Medianlinie. Auf der Pronotum-Scheibe sind dunkle Längsbinden beiderseits der Medianlinie mehr oder weniger deutlich ausgeprägt. Die Tergitseiten tragen meist schräge braune, dorsal weiß gesäumte Streifen. Elytren grün oder gelblich, mit braunem Analfeld. Färbung und Zeichnung der Alae wie in der Diagnose des Subgenus angegeben.

Maße in mm: Long. corp.: ♂ 32,5–40,5, ♀ 42,0–52,0; Long. pronoti: ♂ 6,0–7,6, ♀ 7,5–8,8; Long. elytr.: ♂ 9,6–14,6, ♀ 15,0–16,5; Long. fem. post.: ♂ 27,0–35,2, ♀ 33,4–37,6; Long. ovipos.: 23,0–32,2.

Verbreitung: Südafrika.

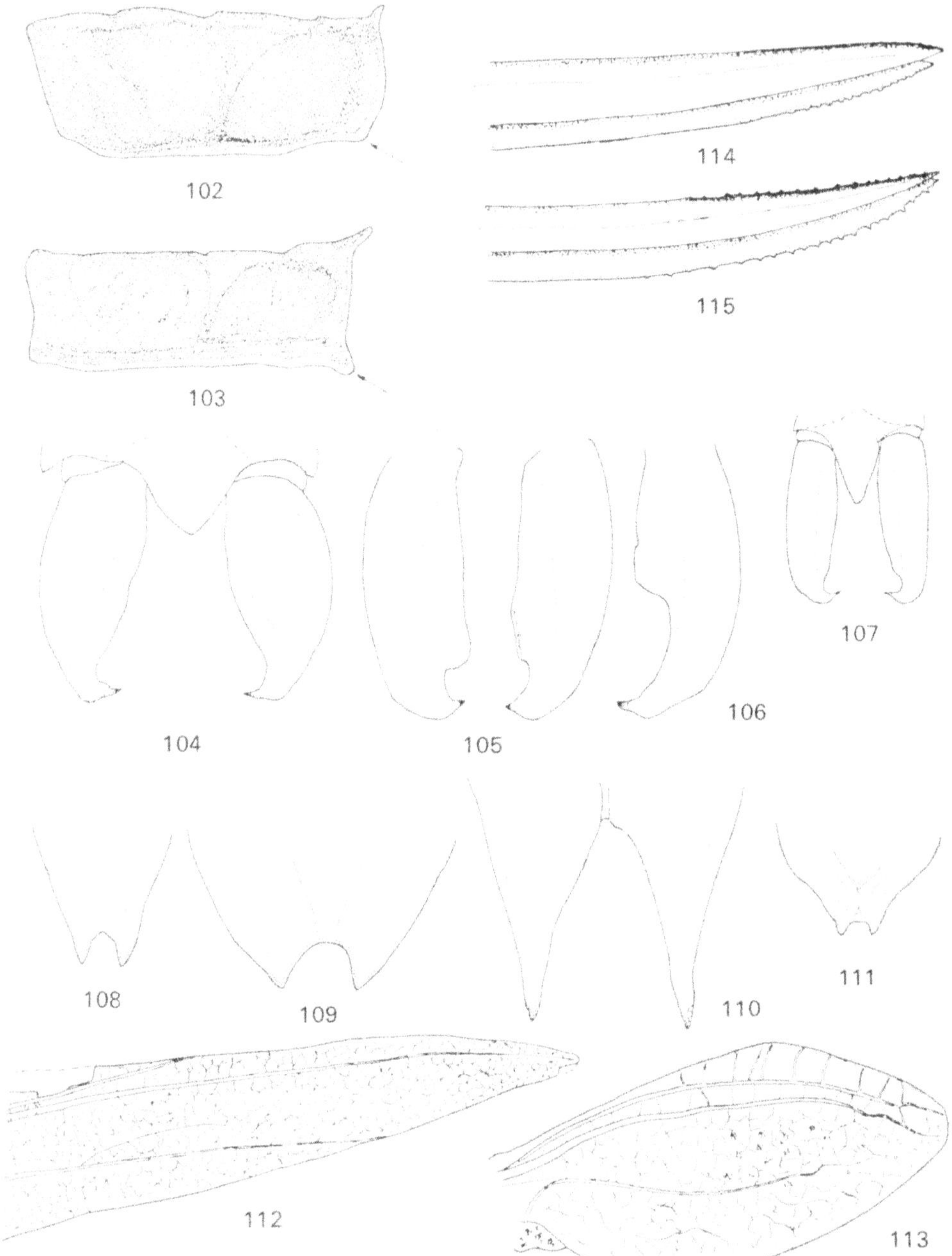

Fig. 102–115. Bestimmungsmerkmale der *Hemiclonia*-Arten. – 102 = Pronotum von *C. (H.) melanoptera* (LINNAEUS.), 103 = Pronotum von *C. (H) assimilis* KALTENBACH, 104 = Cerci des ♂ von *C. (H.) melanoptera* (LINNAEUS), 105 = Cerci des ♂ von *C. (H.) lalandei* SAUSSURE, 106 = Cerci des ♂ von *C. (H.) assimilis* KALTENBACH, 107 = Cerci des ♂ von *C. (H.) charpentieri* KALTENBACH, 108 = Subgenitalplatte des ♀ von *C. (H.) melanoptera* (LINNAEUS),

IV. Subgenus **Hemiclonia** KIRBY

1906 *Hemiclonia* KIRBY (als Genus aufgestellt), Synonymic Cat. Orth., **2** : 226. – Species typica (durch ursprüngliche Designation): *Gryllus melanopterus* LINNAEUS.
Literatur: CAUDELL 1916; UVAROV 1942; KALTENBACH 1971.

Diagnosis: Klein bis ziemlich groß, mäßig robust bis plump, mikropter. Vertex, abgesehen von den Schläfenstreifen, ohne dunkle Zeichnung. Pronotum zylindrisch, mit kaum ausgeprägter Suprakoxal-Erweiterung und meist schwächer aufgebogenem Hinterrand. Paranotalnaht, wenn sichtbar, fast gerade verlaufend. Analfeld der Alae homogen dunkelbraun bis schwarzbraun, oft semitransparent; die schwarzgesäumten Queradern dann im Durchlicht sichtbar. Gliedmaßen verhältnismäßig kurz: Vorderschenkel 0,9- bis 1,2mal so lang wie Kopf und Pronotum zusammen. Hinterschenkel 2,4- bis 4,2mal so lang wie das Pronotum.

Verbreitung: Äthiopisches Afrika südlich und westlich des Limpopo. – 5 Arten.

Bestimmungsschlüssel zu den Arten

1 Hinterecken der Paranota abgerundet (Fig. 102). Die Alae überragen die Elytren (Parapterie) oder sind (selten) ebenso lang wie diese. Cerci des ♂ distal allmählich verschmälert, mit meist konkavem Innenrand .... **18. *C. (H.) melanoptera*,** S. 42

1′ Hinterecken der Paranota mehr oder weniger zipfelförmig ausgezogen (Fig. 103). Die Alae sind stets kürzer als die Elytren **2**

2 ♂: Cercus mit deutlich abgesetztem Medialpolster. – ♀: Elytren langgestreckt mit breit abgerundetem Apex (Fig. 122) Mehr robuste, in der Regel über 40 mm große Arten **3**

2′ ♂: Cercus nur mit schwachem, vor dem Apikalzahn undeutlich abgesetzten Medialsaum (*charpentieri*: Fig. 107; ♂ von *ignota* unbekannt). – ♀: Elytren mit spitzwinkeligem Apex (Fig. 112) oder oval (Fig. 113). Zarte, in der Regel unter 40 mm große Arten **4**

3 ♂: Medialpolster des Cercus erst im letzen Viertel abgesetzt (Fig. 105). – ♀: Subgenitalplatte apikal mäßig tief ausgeschnitten, mit kurzen Lappen (Fig. 109) . **19. *C. (H.) lalandei*,** S. 43

3′ ♂: Medialpolster des Cercus nach der Mitte abgesetzt (Fig. 106, 124). – ♀: Subgenitalplatte apikal tief ausgeschnitten (Fig. 110, 125), mit langen, schmal zugespitzten Lappen .... **20. *C. (H.) assimilis*,** S. 44

4 ♀: Elytren lanzettförmig zugespitzt (Fig. 112). Ovipositor im distalen Teil nur ventral stumpf gezähnelt (Fig. 114) .... **21. *C. (H.) charpentieri*,** S. 45

4′ ♀: Elytren breitoval (Fig. 113). Ovipositor im distalen Teil dorsal und ventral spitz gezähnelt (Fig. 115): .... **22. *C. (H.) ignota*,** S. 47

---

109 = Subgenitalplatte des ♀ von *C. (H.) lalandei* SAUSSURE, 110 = Subgenitalplatte des ♀ von *C. (H.) assimilis* KALTENBACH, 111 = Subgenitalplatte des ♀ von *C. (H.) ignota* KALTENBACH, 112 = distaler Elytrenteil des ♀ von *C. (H.) charpentieri* KALTENBACH, 113 = rechtes Elytron des ♀ von *C. (H.) ignota* KALTENBACH, 114 = distaler Teil des Ovipositor von *C. (H.) charpentieri* KALTENBACH, 115 = distaler Teil des Ovipositor von *C. (H.) ignota* KALTENBACH (102–111 aus KALTENBACH 1971, 112–115 aus KALTENBACH 1981).

18. **Clonia (H.) melanoptera** (LINNAEUS)

1758 *Gryllus (Tettigonia) melanopterus* LINNAEUS, Syst. Nat. (Ed. 10), **1** : 430. – Terra typica: unbekannt; LINNÉs Angabe „Habitat in Indiis" ist sicher unrichtig (Typus: Ent. Departm. Univ. Uppsala).

1813 *Gryllus Tettigoniae azurea* STOLL, Natuurl. Afb. Beschr. Spoken, ec., Amsterdam, Zabelspr.: 27; Taf. 13a, Fig. 53; Reg. p. 11, ♀ (syn. SAUSSURE 1888). – Terra typica: unbekannt (Typus, ♀: verschollen).

1815 *Conocephalus spinigerus* THUNBERG, Mém. Acad. Sci. St. Pétersbourg, **5** : 277, ♂ (syn. STÅL 1874). – Terra typica: unbekannt; „India" sicher unrichtig (Typus, ♂: Ent. Departm. Univ. Uppsala).

1839 *Saga azurea* – SERVILLE, Hist. nat. Ins., Orth.: 540.

1840 *Saga elegans* BLANCHARD, Hist. nat. Ins., Paris, **3**: 29, ♀ (syn. SAUSSURE 1888). – Terra typica: „Cap de Bonne Esperance" (Typus, ♀: Mus. nation. Hist. nat., Paris).

Literatur: STÅL 1874; SAUSSURE 1888; KALTENBACH 1971.

Diagnosis: Mittelgroß bis groß, gedrungen, mikropter. Pronotum zylindrisch, mit schwach oder kaum ausgeprägter Suprakoxal-Erweiterung und mäßig aufgebogenem Hinterrand. Paranotalnaht nicht erkennbar. Unterrand der Parano-

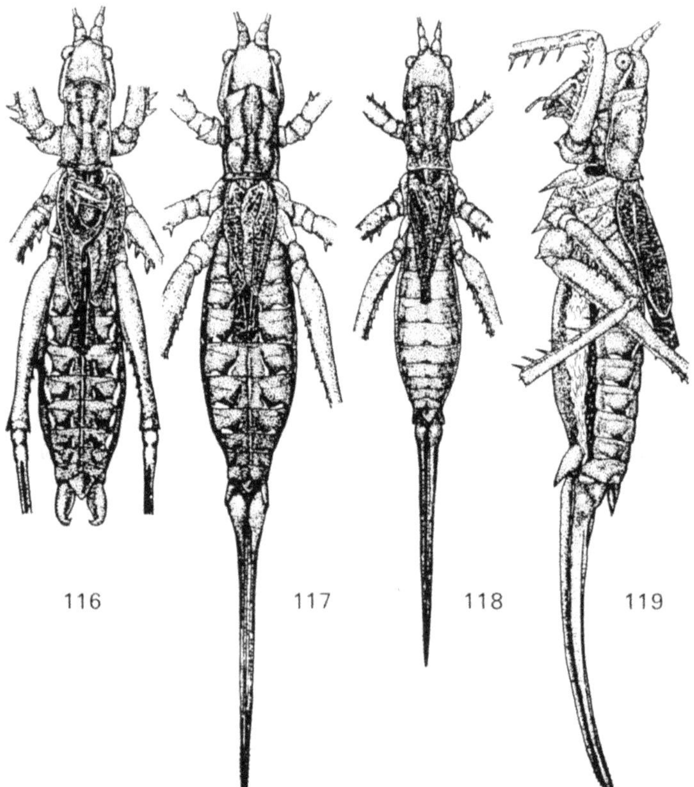

Fig. 116–119. *Clonia (H.) melanoptera* (LINNAEUS), Habitus von ♂ und ♀ (aus KALTENBACH 1971).

ta mit abgerundeten, nicht spitzwinkelig ausgezogenen Hinterecken. Elytren des Männchens 1,5- bis 1,7-, des Weibchens 1,4- bis 1,6mal so lang wie das Pronotum. Alae in der Regel länger als, selten ebenso lang wie die Elytren. Femora der Vorderbeine lateral mit 8 (ausnahmsweise mit 7) bis 9 Dornen. Zahl der Dornen an den Femora der ersten beiden Beinpaare im Reihendurchschnitt 6,6 bis 7,6. Cerci des Männchens plump, medial mehr oder weniger stark konvex vorgewölbt; Köpfchen klein, mit kurzem Apikalzahn. Subgenitalplatte des Weibchens apikal flach bis mäßig tief rundlich ausgeschnitten, mit stumpfen oder mehr zugespitzten Lappenenden. Ovipositor im distalen Drittel nach oben gekrümmt und sehr lang (2,9- bis 4,0mal so lang wie das Pronotum).

Grundfärbung (der trockenkonservierten Tiere) braun oder bräunlich mit grünem Anflug. Frons, Clypeus und Labrum lichtockerfarben, Vertex meist dunkler braun. Pronotumscheibe mit zwei, beiderseits der Medianlinie verlaufenden, mehr oder weniger deutlichen, dunklen Längsbinden. Auch über den Abdomenrücken zieht fast immer ein die Medianlinie begleitender brauner bis schwarzer Doppelstreifen. Tergite mit konvergierenden, oft weiß gesäumten, dunklen Seitenflecken, die wenigstens im Ansatz sichtbar sind. Elytren braun oder braun mit grünem Analteil, Spiegel hyalin. Kostalfeld und Radialfeld der Alae hellbraun, opak. Analfeld schwarzbraun, semitransparent, mit purpurnem Glanz.

Maße in mm: Long. corp.: ♂ 47,0–66,0, ♀ 52,5–73,0; Long. pronoti: ♂ 9,2–13,0, ♀ 10,6–15,5; Long. elytr.: ♂ 15,0–20,0, ♀ 17,0–22,4; Long. fem. post.: ♂ 28,0–40,0, ♀ 36,0–44,4; Long. ovipos.: 38,5–50,2.

Verbreitung: Südwestliches Kapland.

19. **Clonia (H.) lalandei** SAUSSURE

1888 *Clonia lalandaei* SAUSSURE, Ann. Soc. ent. France, Paris, (6) **8** : 140, 142, ♀ (*lalandaei* BLANCHARD in litt.; nec *Clonia lalandei* SAUSSURE 1892, ♂). – Terra typica restricta: „Cafrerie" (Typus, ♀: Mus. nation. Hist. nat., Paris).
Literatur: KALTENBACH 1971.

Diagnosis: Klein bis mittelgroß, robust, mikropter. Kopf weniger massig als bei *melanoptera*. Pronotum mit kaum angedeuteter Suprakoxal-Erweiterung und schwach bis mäßig aufgebogenem Hinterrand. Die Paranotalnaht zeigt einen fast geraden Verlauf. Unterrand der Paranota nach hinten spitzwinkelig ausgezogen. Elytren des Männchens 1,6- bis 2,3-, des Weibchens 1,9- bis 2,3mal so lang wie das Pronotum. Alae stets kürzer als die Elytren. Femora der Vorderbeine lateral mit 7 (ausnahmsweise mit 8) Dornen. Zahl der Dornen an den Femora der ersten beiden Beinpaare im Reihendurchschnitt 6,6 bis 6,9. Cerci des Männchens mit langem, bis vor den Apex reichenden Innenpolster. Köpfchen schließt ohne Hals an den medial verbreiterten Cercusteil an. Apikalzahn schlank und zugespitzt. Subgenitalplatte des Weibchens apikal mäßig tief ausgeschnitten, mit breiten Endlappen. Ovipositor im letzten Drittel schwach aufwärts gekrümmt, 3,0- bis 3,6mal so lang wie das Pronotum.

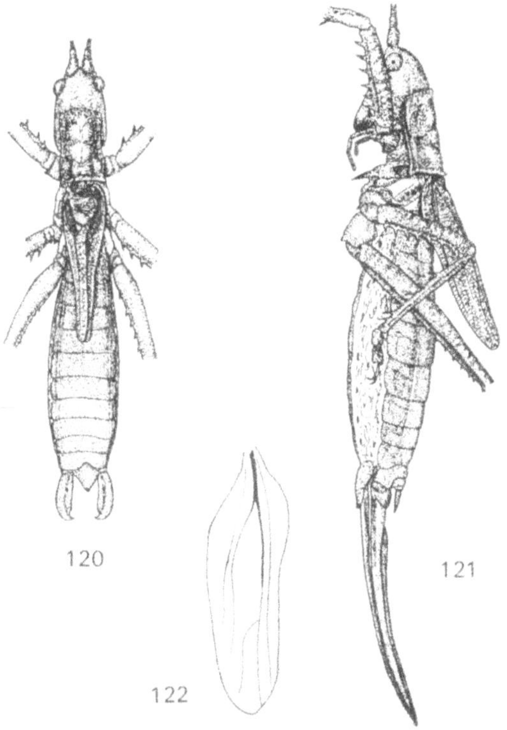

Fig. 120–122. *Clonia (H.) lalandei* SAUSSURE. – 120 und 121 = Habitus von ♂ und ♀, 122 = rechtes Elytron des ♀ (aus KALTENBACH 1971).

Einfärbig grün oder braun. Nur die Pronotum-Scheibe manchmal mit dunkleren, in der Metazona schwärzlichen Längsstreifen beiderseits der kaum aufgehellten Medianlinie. Tergitseiten mit zur Medianlinie annähernd parallel verlaufender, weißer Längslinie. Elytren grün oder bräunlich, mit gleichfarbiger Aderung. Alae mit opakem, gelblichen Vorderrand und schwarzbraunem bis schwarzen, semitransparenten Analteil. Bei manchen Exemplaren zeigt das Analfeld transparente Fenster.

Maße in mm: Long. corp.: ♂ 38,0–52,0, ♀ 42,0–54,5; Long. pronoti: ♂ 7,2–10,5, ♀ 8,4–9,6; Long. elytr.: ♂ 17,0–18,0, ♀ 17,2–20,5; Long. fem. post.: ♂ 34,0–42,5, ♀ 28,0–37,2; Long. ovipos.: 26,0–33,0.

Verbreitung: Östliches Südafrika.

20. Clonia (H.) assimilis KALTENBACH

1971 *Clonia (H.) assimilis* KALTENBACH, Beitr. Ent., Berlin, **21** : 426, 452; Fig. 3, 10, 61, 62, 72, 73, 125, 143, ♂♀. – Terra typica: Südafrika (Typus, ♂: Naturhist. Mus. Wien).

1892 *Clonia lalandei*-SAUSSURE, Ann. Soc. Ent. France, Paris, **61** : 15, ♂ (nec *Clonia lalandaei* SAUSSURE 1888, ♀).

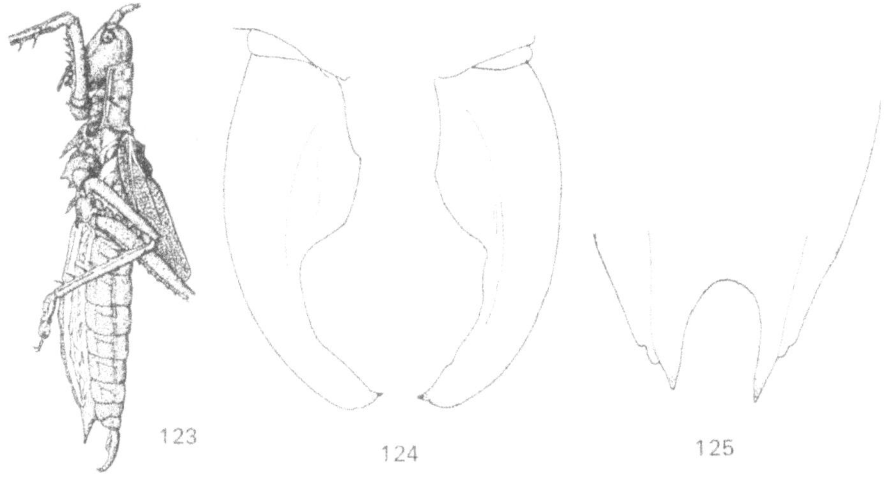

Fig. 123–125. *Clonia (H.) assimilis* KALTENBACH. – 123 = Habitus des ♂, 124 = Cerci des ♂, 125 = Subgenitalplatte des ♀ (aus KALTENBACH 1971).

Diagnosis: *C. assimilis* stimmt im Habitus, wie auch in Größe und Farbtracht, weitgehend mit *lalandei* überein. Elytren des Männchens 2,0- bis 2,5-, des Weibchens 1,6- bis 2,5mal so lang wie das Pronotum. Femora der Vorderbeine lateral mit 7 (ausnahmsweise mit 8) Dornen. Zahl der Dornen an den Femora der ersten beiden Beinpaare im Reihendurchschnitt 6,5 bis 7,5. Cerci des Männchens mit nur bis etwa zur Mitte reichendem Innenpolster; Endteil nicht köpfchenförmig abgesetzt. Subgenitalplatte des Weibchens apikal tief rundlich ausgeschnitten, mit schmalen, zugespitzten Endlappen. Ovipositor 2,9- bis 3,7mal so lang wie das Pronotum.

Die Gestalt der Cerci des Männchens und die Ausrandung der weiblichen Subgenitalplatte erlauben immer eine klare Unterscheidung von *lalandei* und *assimilis*.

Maße in mm: Long. corp.: ♂ 48,0–51,0, ♀ 48,5–60,0; Long. pronoti: ♂ 8,6–9,0, ♀ 8,1–10,5; Long. elytr.: ♂ 17,0–21,5, ♀ 15,5–25,5; Long. fem. post.: ♂ 32,0–37,5, ♀ 34,0–42,0; Long. ovipos.: 27,5–35,0.

Verbreitung: Botswana, Natal.

21. Clonia (H.) charpentieri KALTENBACH

1971 *Clonia (H.) charpentieri* KALTENBACH, Beitr. Ent., Berlin, **21**: 426, 452; Fig. 63, 74, 75, 126, 127, 143; Taf. II, CH, ♂ (nec ♀). – Terra typica: Balgowan, Natal (Typus, ♂: Transvaal Mus., Pretoria).

Literatur: KALTENBACH 1981.

Diagnosis: Klein und für das Subgenus verhältnismäßig schlank, mit deutlich hypognather Kopfstellung. Vertex flach, mit der Frons einen spitzen Winkel

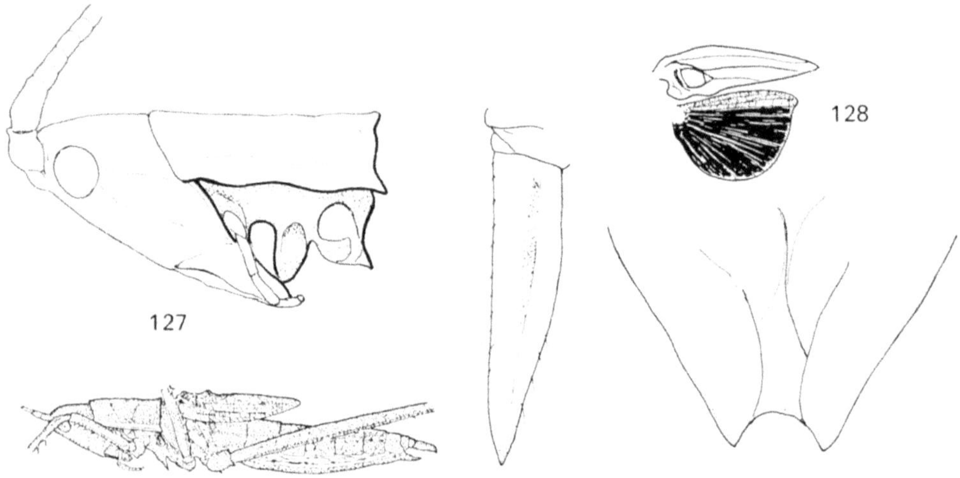

126 129 130

Fig. 126–130. *Clonia (H.) charpentieri* KALTENBACH. – 126 = Habitus des ♂, 127 = Kopf und Pronotum des ♀, 128 = rechtes Flügelpaar des ♂, 129 = Cercus des ♀, 130 = Subgenitalplatte des ♀ (126 und 128 aus KALTENBACH 1971, 127 Orig., 129 und 130 aus KALTENBACH 1981).

bildend. Pronotum mit kaum angedeuteter Suprakoxal-Erweiterung und nur sehr schwach aufgebogenem Hinterrand. Paranotalnaht fast gerade, bei den lebenden Tieren wahrscheinlich weiß gerandet. Hinterecken der Paranota winkelig ausgezogen. Elytren lanzettförmig, 1,7- bis 1,8mal so lang wie das Pronotum. Alae kürzer als die Elytren. Femora der Vorderbeine lateral mit 7 (ausnahmsweise mit 8) Dornen. Zahl der Dornen an den Femora der ersten beiden Beinpaare bezogen auf eine Reihe 6,5 bis 7,0. Cerci schlank, beim Männchen mit schmalem Innensaum und kurzem, spitzen Apikalzahn. Subgenitalplatte des Weibchens rundlich ausgerandet, mit spitzen Lappen. Ovipositor erst im letzten Drittel flach aufwärts gekrümmt, 3,2- bis 3,3mal so lang wie das Pronotum. Ventralrand des Ovipositors distal stumpf gezähnelt, dorsal nur im Apikalbereich mit einigen flachen Buckeln.

Grün oder strohgelb, trocken braun. Meist ohne deutlich erkennbare dunkle Zeichnung. Elytren von Körperfarbe, Analfeld bräunlich. Die Alae sind mit Ausnahme des gelblichen Vorderrandes und eines hellen Außensaums tiefschwarz.

Maße in mm: Long. corp.: ♂ 30,0–35,0, ♀ 40,0–41,5; Long. pronoti: ♂ 6,0–6,5, ♀ 7,0–7,2; Long. elytr.: ♂ 10,8–11,5, ♀ 12,0–12,5; Long. fem. post.: ♂ 24,0–27,0, ♀ 24,6–26,4; Long. ovipos.: 22,5–23,5.

Verbreitung: Natal. Kapland ?

22. **Clonia (H.) ignota** KALTENBACH

1981 *Clonia (H.) ignota* KALTENBACH, S.ber. Akad. Wiss. Wien, math.-naturwiss. Kl., (I) **190** : 189; Fig. 2, 4, 7, ♀. – Terra typica restricta: „Cap" (Typus, ♀: Zool. Mus. Berlin).
1971 *Clonia (H.) charpentieri* KALTENBACH, Beitr. Ent., Berlin, **21** : 452; Fig. 74, 75, 127; Taf. II, CH ♀, ♀ (nec ♂). – Terra typica: Balgowan, Natal (Typus, ♂: Transvaal Mus., Pretoria).

Diagnosis: Diese nur im weiblichen Geschlecht bekannte Art stimmt in Größe und Beindornenzahl annähernd mit *charpentieri* überein, unterscheidet sich aber von ihr durch den robusteren Habitus, orthognathe Kopfstellung, den stärker gewölbten, zur Frons verrundeten Vertex und oval geformte Elytren, die 1,2- bis 1,3mal so lang wie das Pronotum sind. Die Cerci sind kürzer und gedrungener als beim Weibchen von *charpentieri* und subapikal plötzlich verschmälert. Der Ovipositor ist 3,5- bis 3,8mal so lang wie das Pronotum und im distalen Teil sowohl dorsal wie ventral spitz gezähnelt.

Maße in mm (♀): Long. corp.: 35,2–37,0; Long. pronoti: 6,5; Long. elytr.: 7,6–8,2; Long. fem. post.: 26,5–27,5; Long. ovipos.: 22,8–24,8.

Verbreitung: Südafrika (Kapland).

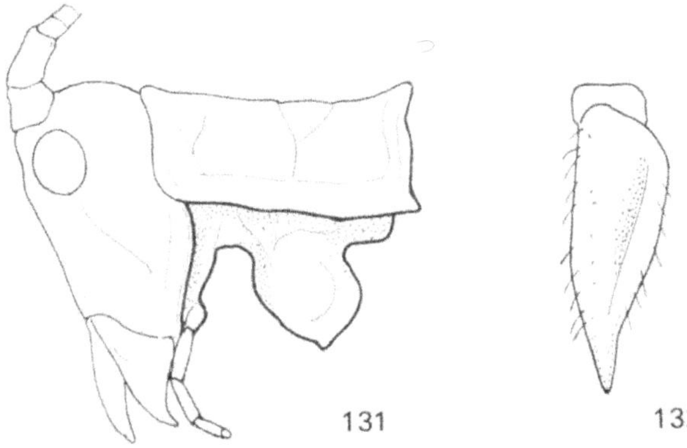

131 132

Fig. 131 und 132. *Clonia (H.) ignota* KALTENBACH. – 131 = Kopf und Pronotum, 132 = Cercus des ♀ (131 Orig., 132 aus KALTENBACH 1981).

2. Genus **Cloniella** KALTENBACH

1971 *Cloniella* KALTENBACH, Beitr. Ent., Berlin, **21** : 418. – Species typica (durch ursprüngliche Designation): *Hemisaga praedatoria* DISTANT.

Diagnosis: Kleine bis knapp mittelgroße, schlanke, im männlichen Geschlecht mikroptere, im weiblichen Geschlecht squamiptere Arten mit etwas verlängertem, hypognath gestellten Kopf. Pronotum zylindrisch mit fast parallel verlaufenden Seitenrändern und nur geringfügig aufgebogenem Hinterrand. Querfurchen des Pronotum nur schwach eingedrückt. Prosternum mit einem Paar schlanker, Meso- und Metasternum mit je einem Paar stärkerer Dornen. Vorder- und Hinterkoxen ventral mit zwei kurzen, stumpfen, Mittelkoxen mit zwei längeren, spitzen Dornen. Zahl der Dornen an den Femora der Vorder- und Mittelbeine im Reihendurchschnitt 7 bis 10, der Tibialdornen an den gleichen Beinpaaren 8 bis 10 pro Reihe. Cerci des Männchens zangenförmig, Subgenitalplatte des Weibchens apikal rundlich ausgeschnitten. Ovipositor im distalen Drittel dorsal und ventral fein gezähnelt.

Cloniella steht habituell zwischen *Clonia* und *Peringueyella*, ist aber von diesen beiden Gattungen durch die im Bestimmungsschlüssel angegebenen Merkmale klar getrennt. Von *Saga* ist *Cloniella* schon durch die bei der erstgenannten Gattung spezifisch gestalteten männlichen Elytren leicht zu unterscheiden.

Verbreitung: Südafrika; südliches Zentralafrika. – 2 Arten.

Bestimmungsschlüssel für die Männchen

1 Endlappen der Elytren länger als ihr basaler Teil einschließlich des Stidulationsfeldes (Fig. 134) .... **1. *C. zambesica*,** S. 49

1′ Endlappen der Elytren kürzer als ihr basaler Teil einschließlich des Stridulationsfeldes (Fig. 17) .... **2. *C. praedatoria*,** S. 49

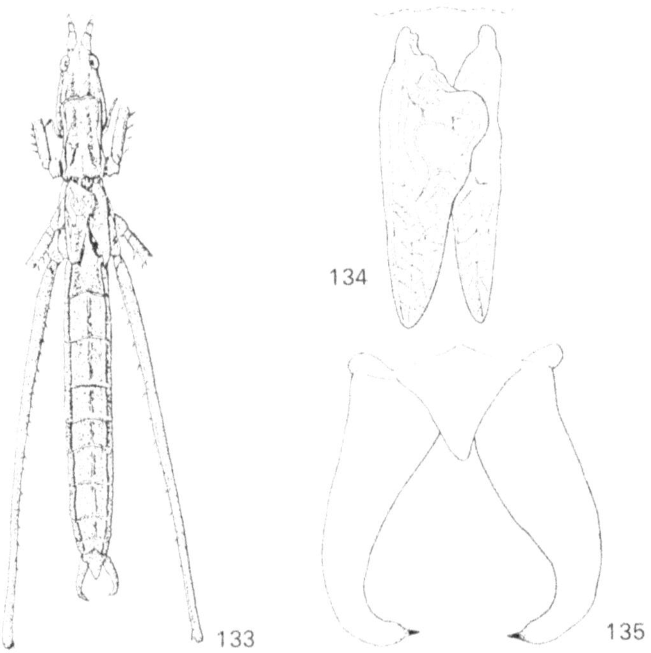

Fig. 133–135. *Cloniella zambesica* KALTENBACH. – 133 = Habitus, 134 = Elytren, 135 = Cerci des ♂ (aus KALTENBACH 1971).

1. **Cloniella zambesica** KALTENBACH

1971 *Cloniella zambesica* KALTENBACH, Beitr. Ent., Berlin, **21** : 427, 453; Fig. 76, 79, 128, 144, ♂. – Terra typica: Lealui, Haut-Zambése (Typus, ♂: Mus. nation. Hist. nat., Paris).

Diagnosis: Habituell der Typus-Art *praedatoria* ähnlich. Narbe des Stirnozellus undeutlich. Pronotum vor der schwach ausgeprägten Suprakoxal-Erweiterung etwas verengt (konstant?). Elytren mit längeren, distal verschmälerten Endlappen. Durchschnittszahlen der Dornen der ersten beiden Beinpaare, bezogen auf eine Reihe: Femur: 8,4, Tibia: 8,4. Cerci des Männchens erst ab dem letzten Drittel nach innen gekrümmt, mit kurzem, spitzen Apikalzahn.

Grundfärbung und Zeichnung wie bei *praedatoria*, der weiße Rand der Paranota ist dorsal nicht schwarz gesäumt. Alae mit opakem, braunen Vorderrand und glänzend schwarzem Analfeld.

Maße in mm (♂; ♀ unbekannt): Long. corp.: ca. 45,0; Long. pronoti: 7,0; Long. elytr.: 7,5; Long. fem. post.: 32,0.

Verbreitung: Zambia.

2. **Cloniella praedatoria** (DISTANT)

1892 *Hemisaga praedatoria* DISTANT, Naturalist in Transvaal, London, : 65, 258; Fig. p. 63, ♀. – Terra typica: Pretoria (Typus, ♀: Brit. Mus. nat. Hist., London).
1906 *Peringueyella praeditoria* (err. impr.)-KIRBY, Synonymic Cat. Orth., **2**: 227.
1916 *Peringueyella praeditoria* (p. err.)-CAUDELL, in: WYTSMAN, Genera Insectorum, Bruxelles, **167** : 8.
Literatur: KALTENBACH 1971.

Diagnosis: Klein bis knapp mittelgroß, schlank, mit sehr schlanken Gliedmaßen. Frons glatt, spärlich punktiert, mit medianer Stirnstrieme. Narbe des Frontal-Ozellus deutlich erkennbar. Pronotum über den Koxen nicht erweitert, Hinterrand beim Männchen kaum merklich, beim Weibchen nicht aufgebogen. Elytren des Männchens eiförmig, stark gewölbt, ihr Endlappen den Hinterrand des ersten Tergits nicht erreichend. Elytren des Weibchens bis auf schmale, die Mitte des Metanotum nicht ganz erreichende Hautläppchen rückgebildet. Die Alae des Männchens ragen unter den Elytren hervor, beim Weibchen sind sie nur als seitliche Hautfalten erkennbar. Zahl der Dornen der ersten beiden Beinpaare im Reihendurchschnitt: Femur: 9,6 bis 9,8, Tibia: 8,7. Cerci des Männchens schlank und gerade, distal kaum verschmälert, erst vor dem Apex nach innen gekrümmt; Apikalzahn deutlich abgesetzt, kurz und spitz. Subgenitalplatte des Weibchens apikal mäßig tief rundlich ausgeschnitten, mit spitzen Lappen. Ovipositor schlank, mit geradem, erst im letzten Viertel etwas nach oben gekrümmten Unterrand, 3,9mal so lang wie das Pronotum.

Grundfärbung (bei Trockenkonservierung) gelblich bis gelbbraun, Abdomen mit grünlichem Anflug. Lebende Tiere wahrscheinlich meist grün. Vertex und Occiput mit feiner, heller Medianlinie, die, beiderseits dunkel gesäumt, auch über Thorax- und Abdomenrücken zieht. Paranota mit breiter, heller, dorsal schwarz

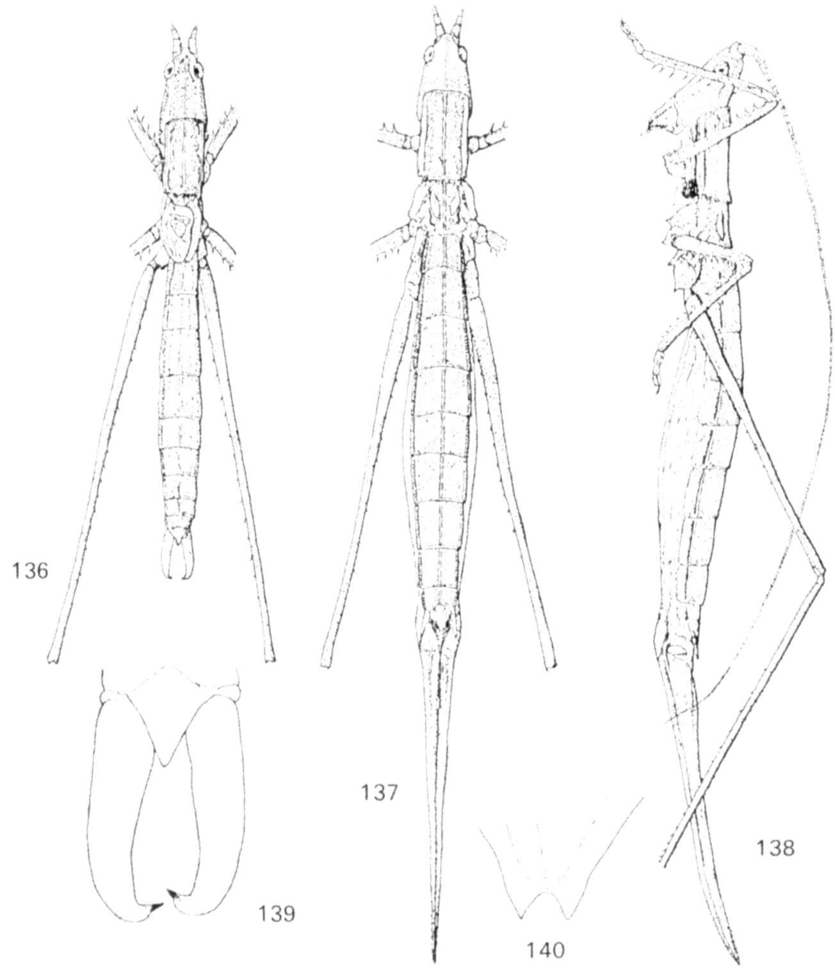

Fig. 136–140. *Cloniella praedatoria* Distant. – 136–138 = Habitus von ♂ und ♀, 139 = Cerci des ♂, 140 = Subgenitalplatte des ♀ (aus Kaltenbach 1971).

gesäumter Unterrandbinde. Tergite mit schmalen, dorsal weiß gesäumten Seitenstreifen. Ovipositor gelbraun, mit aufgehellter Basis.

Maße in mm: Long. corp.: ♂ etwa 39,0, ♀ etwa 49,0; Long. pronoti: ♂ 5,8, ♀ 7,5; Long. elytr.: ♂ 5,2, ♀ 3,2; Long. fem. post.: ♂ 31,0, ♀ 39,1; Long. ovipos.: 29,0.

Verbreitung: Transvaal.

3. Genus **Saga** Charpentier

1825 *Saga* Charpentier, Horae Ent., Wratislaviae : 95. – Species typica (durch Monotypie): *Locusta serrata* Fabricius (= *Gryllus Pedo* Pallas).

1830 *Tettigopsis* FISCHER DE WALDHEIM, Notice sur le *Tettigopsis*, Moscou, S. 1 – 16. (syn. FISCHER DE WALDHEIM 1846). – Species typica (KIRBY 1906): *Gryllus Pedo* PALLAS.
Literatur: FISCHER DE WALDHEIM 1846; SAUSSURE 1888; WERNER 1905; CAUDELL 1916; RAMME 1951; KALTENBACH 1964, 1967a.

Diagnosis: Kaum mittelgroß bis sehr groß, Habitus schlank bis gedrungen. Kopf orthognath bis schwach hypognath. Pronotum mit drei deutlichen Querfurchen; Hinterrand, besonders beim Männchen mehr oder weniger stark aufgebogen. Prosternum mit schlanken, Mesosternum und Metasternum mit dreiecki-

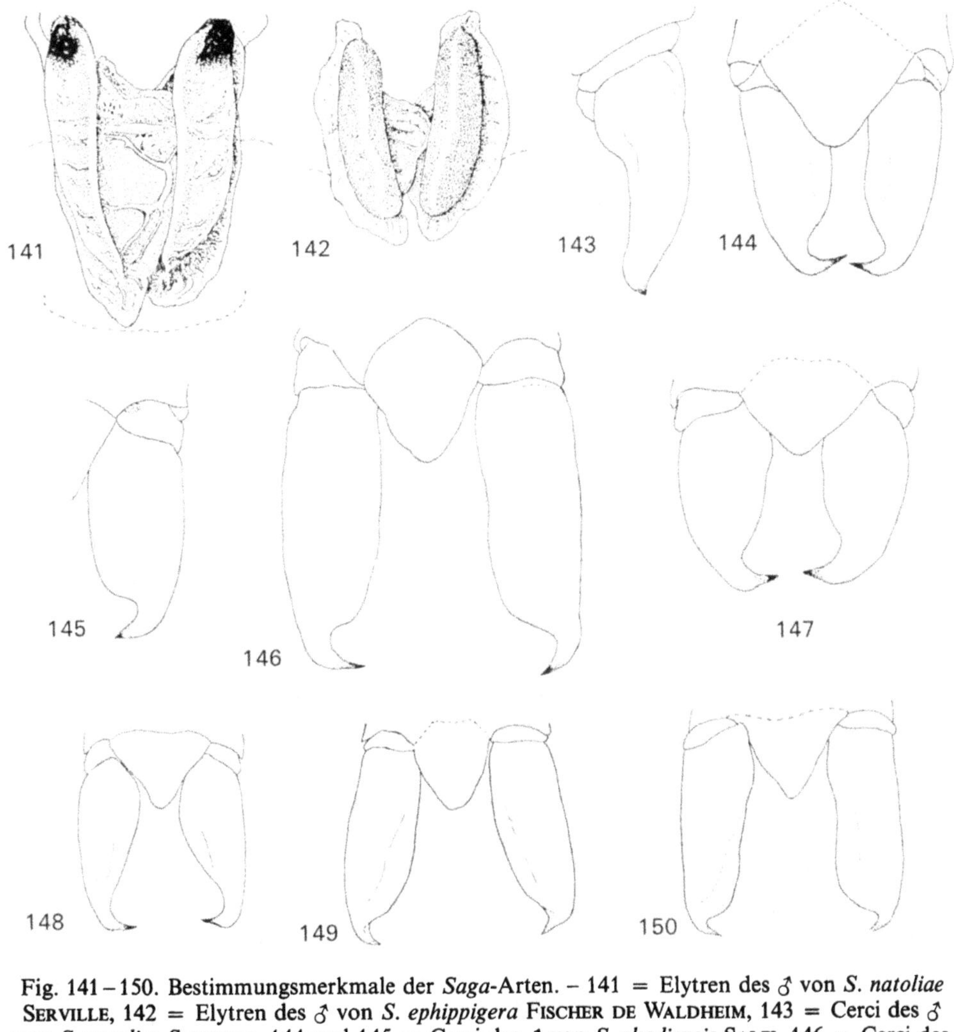

Fig. 141 – 150. Bestimmungsmerkmale der *Saga*-Arten. – 141 = Elytren des ♂ von *S. natoliae* SERVILLE, 142 = Elytren des ♂ von *S. ephippigera* FISCHER DE WALDHEIM, 143 = Cerci des ♂ von *S. natoliae* SERVILLE, 144 und 145 = Cerci des ♂ von *S. rhodiensis* SALFI, 146 = Cerci des ♂ von *S. ephippigera* FISCHER DE WALDHEIM, 147 = Cerci des ♂ von *S. rammei* KALTENBACH, 148 = Cerci des ♂ von *S. puella* WERNER, 149 = Cerci des ♂ von *S. beieri* KALTENBACH, 150 = Cerci des ♂ von *S. longicaudata* KRAUSS (aus KALTENBACH 1967a).

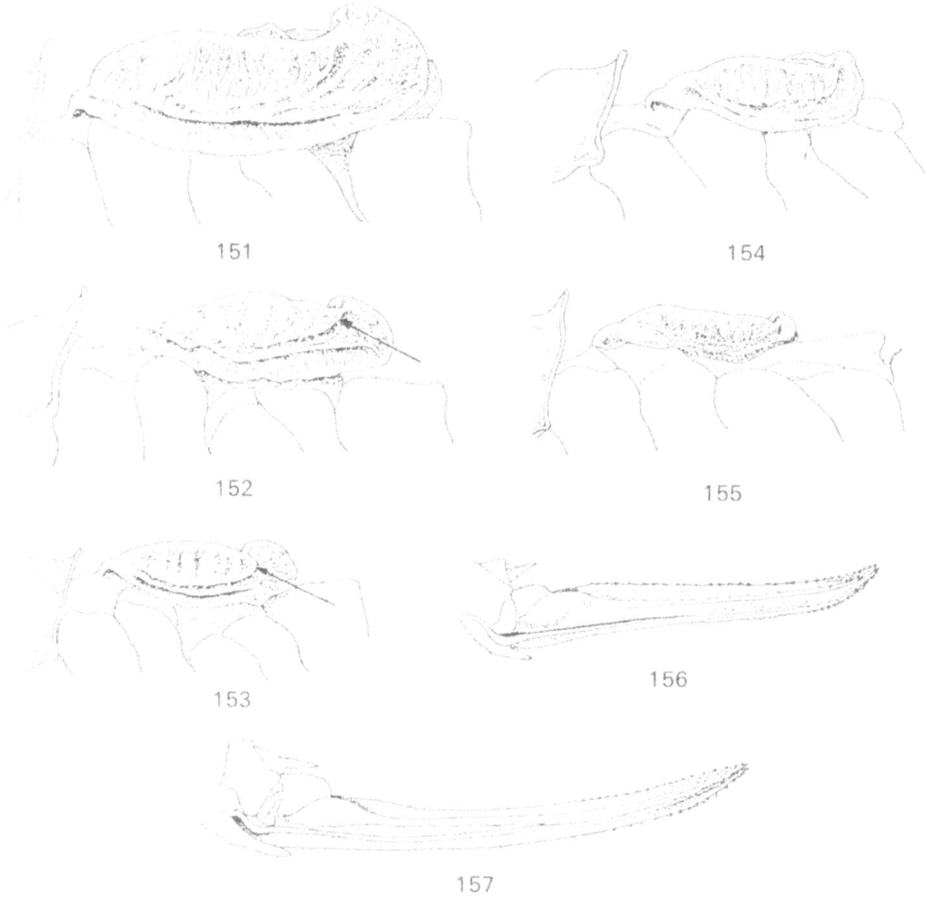

Fig. 151–157. Weitere Bestimmungsmerkmale der *Saga*-Arten. – 151 = Elytrenprofil des ♂ von *S. hellenica* KALTENBACH, 152 = Elytren des ♂ von *S. rammei* KALTENBACH, 153 = Elytren des ♂ von *S. puella* WERNER, 154 = Elytren des ♂ von *S. ledereri* SAUSSURE, 155 = Elytren des ♂ von *S. ornata* BURMEISTER, 156 = Ovipositor von *S. puella* WERNER, 157 = Ovipositor von *S. pedo* (PALLAS) (aus KALTENBACH 1967a).

gen Dornenpaaren. Elytren beim adulten Männchen stark verkürzt, mit schalen- oder wulstartig aufgefaltetem Diskoidalfeld, beim Weibchen bis auf kleine, weißliche Schuppen reduziert. Alae des Männchens gleichfalls stark verkürzt und vom Endlappen der Elytren bedeckt, Alae des Weibchens nur als seitliche Kutikulaleisten erkennbar. Vorder- und Mittelbeine sind kräftig entwickelt und ihre Femora sind an der Ventralseite doppelreihig mit einer größeren Zahl von Dornen bewaffnet. Am dritten Tarsalglied inserieren auffallend große, lappenförmige Euplantulae, die fast bis zum Ende des Klauengliedes reichen. Das Zeichnungsmuster der Abdominaltergite ist artspezifisch. Bei allen Arten treten aber auch rein grüne oder rein bräunliche Individuen ohne Zeichnungsmuster auf. Der

Ovipositor ist flach säbelförmig gekrümmt, seltener gestreckt mit fast geradem Oberrand.

Verbreitung: Vorderasien ohne Arabien und Afghanistan, Westsibirien, südliches Osteuropa, europäische Mittelmeerländer und südliches Mitteleuropa. – 13 Arten.

Bestimmungsschlüssel zu den Arten

1 Frons rugos oder dicht grob punktiert. Mäßig gedrungene bis ausgesprochen plumpe Arten. Pronotum-Hinterrand auch beim ♀ stärker aufgebogen ... **2**

1′ Frons glatt oder höchstens spärlich fein punktiert; wenn schwach rugos, Femoraldornen der ersten beiden Beinpaare schlank (*ledereri* und *ornata*). Sehr schlanke bis mäßig gedrungene Arten. Pronotum-Hinterrand beim ♀ nur sehr wenig aufgebogen ... **4**

2 Zahl der Dornen einer Reihe an den Femora der ersten beiden Beinpaare im Reihendurchschnitt 10, an den Tibien 11 bis 12. Diskoidalfeld der Elytren des ♂ zu dünnwandigen, medial offenen Schalen aufgefaltet (Fig. 141) ... **3**

2′ Zahl der Dornen einer Reihe an den Femora der ersten beiden Beinpaare im Reihendurchschnitt 9, an den Tibien 10. Diskoidalfeld der Elytren des ♂ zu dickwandigen Wülsten aufgefaltet (Fig. 142). Cerci flach walzenförmig, erst nach dem letzten Viertel verschmälert, mit beim ♂ nach innen gekrümmten Enden (Fig. 146, 169) ... **3. *S. ephippigera*,** S. 57

3 Cerci des ♂ nur basal verdickt, distal hornförmig gekrümmt (Fig. 143, 160). – Cerci des ♀ in Dorsalansicht konisch verschmälert ... **1. *S. natoliae*,** S. 55

3′ Cerci bei beiden Geschlechtern flach walzenförmig, erst nach dem letzten Drittel verschmälert, mit beim ♂ nach innen gekrümmten Enden (Fig. 144, 145) ... **2. *S. rhodiensis*,** S. 56

4 ♂: ... **5**

4′ ♀*: ... **13**

5 Endlappen der Elytren erreichen oder überragen den Hinterrand des Metanotum ... **6**

5′ Endlappen der Elytren erreichen den Hinterrand des Metanotum nicht ... **10**

6 Dorsalrand der linken Elytre in Profilansicht vor dem Endlappen mehr oder weniger konkav ausgerandet. Das Stridulationsfeld ist hochgewölbt und ragt fast immer über den Dorsalrand der Elytren hinaus (Fig. 151, 195, 196) ... **7**

6′ Dorsalrand der linken Elytre in Profilansicht flach konvex gekrümmt, vor dem Endlappen nicht konkav ausgerandet. Das Stridulationsfeld ragt in der Regel nicht über den Dorsalrand der Elytren hinaus ... **9**

7 Pronotum-Hinterrand stark aufgebogen (Fig. 151). Elytrenlänge 9 bis 11 mm ... **4. *S. hellenica*,** S. 60

7′ Pronotum-Hinterrand schwächer aufgebogen (Fig. 195, 196). Elytrenlänge 6 bis 9 mm ... **8**

8 Dorsalrand der linken Elytre vor dem Endlappen tief ausgerandet; das Stridulationsfeld überragt immer weit den Dorsalrand der Elytre (Fig. 195). – Anatolische Art ... **5. *S. cappadocica*,** S. 61

8′ Dorsalrand der linken Elytre vor dem Endlappen flach ausgerandet; das Stridulationsfeld überragt meist nur wenig, selten gar nicht den Dorsalrand der Elytren (Fig. 196). – Balkanische Art ... **8. *S. campbelli*,** S. 65

9 Der Radialsektor bildet mit dem Dorsalrand der linken Elytre einen spitzen Winkel (Fig. 152); Elytrenlänge 6,5 bis 8,8 mm. Cerci gedrungen, mit vorgewölbtem Innenrand (Fig. 147). – Balkanische Art ... **6. *S. rammei*,** S. 63

9′ Der Radialsektor mündet in einem steilen Bogen in den Dorsalrand der linken Elytre (Fig. 153); Elytrenlänge 6,0 bis 7,0 mm. Cerci schlank kegelförmig (Fig. 148). – Anatolische Art ... **7. *S. puella*,** S. 63

---

* Zur Bestimmung der ♀♀ wird auch die artspezifische Tergitzeichnung verwendet; es ist jedoch zu beachten, daß bei allen Arten auch einfärbige Exemplare in wechselnder Häufigkeit vorkommen!

10 Zahl der Dornen einer Reihe an den Femora der ersten beiden Beinpaare im Reihendurchschnitt 10 (9,5 bis 10,8) **11**
10′ Zahl der Dornen einer Reihe an den Femora der ersten beiden Beinpaare im Reihendurchschnitt 9 (8,8 bis 9,2) **12**
11 Elytren dorsal schmal aufgefaltet, 4,0 bis 5,0 mm lang; der Radialsektor bildet mit dem Dorsalrand der linken Elytre einen spitzen Winkel (Fig. 202). Innenrand der Cerci vor dem Apex flach eingebuchtet (Fig. 149) .... **9. *S. beieri*,** S. 66
11′ Elytren dorsal breit aufgefaltet, 5,0 bis 6,5 mm lang; der Radialsektor mündet in einem steilen Bogen in den Dorsalrand der linken Elytre (Fig. 203). Innenrand der Cerci vor dem Apex vorgewölbt (Fig. 150) .... **10. *S. longicaudata*,** S. 67
12 Elytren dorsal breit aufgefaltet, 6,0 bis 7,2 mm lang; der Radialsektor mündet in einem steilen Bogen in den Dorsalrand der linken Elytre (Fig. 154) .... **11. *S. ledereri*,** S. 68
12′ Elytren schmal aufgefaltet, 5,0 bis 6,0 mm lang; der Radialsektor bildet mit dem Dorsalrand der linken Elytre einen spitzen Winkel (Fig. 155) .... **12. *S. ornata*,** S. 69
13 Dorsalrand des Ovipositors (Länge: 21 bis 26 mm) von der Basis an gezähnelt (Fig. 156). Kleine bis mittelgroße Art (Körperlänge bis 60 mm). Tergitzeichnung: Fig. 187 bis 189 .... **7. *S. puella*,** S. 63
13′ Dorsalrand des Ovipositors nur in der distalen Hälfte gezähnelt (Fig. 157, 172, 178) **14**
14 Zahl der Dornen einer Reihe an den Femora der ersten beiden Beinpaare im Reihendurchschnitt über 9,5 .... **15**
14′ Zahl der Dornen einer Reihe an den Femora der ersten Beinpaare im Reihendurchschnitt unter 9,2. – Arten aus dem Großraum Palästina – Libanon **21**
15 Paranota mit breiter, heller Unterrandbinde **16**
15′ Paranota ohne helle Unterrandbinde **19**
16 Vorderasiatische Arten **17**
16′ Balkanische Arten **18**
17 Subgenitalplatte apikal flach ausgerandet (Fig. 185). Zahl der Dornen einer Reihe an den Femora der ersten beiden Beinpaare im Reihendurchschnitt meist über 10,5. Mehr gedrungene Art. Tergitzeichnung: Fig. 179 bis 181 .... **5. *S. cappadocica*,** S. 61
17′ Subgenitalplatte apikal tiefer ausgerandet (Fig. 204). Dornen einer Reihe an den Femora der ersten beiden Beinpaare im Reihendurchschnitt meist unter 10,5. Schlanke Art. Tergitzeichnung: Fig. 197 bis 200 .... **9. *S. beieri*,** S. 66
18 Ovipositor weniger als dreimal so lang wie das Pronotum. Femora der Hinterbeine 13- bis 17mal so lang wie an der dicksten Stelle breit. Mehr gedrungene Art. Tergitzeichnung: Fig. 182–184 .... **6. *S. rammei*,** S. 63
18′ Ovipositor mindestens dreimal so lang wie das Pronotum. Femora der Hinterbeine 17- bis 23mal so lang wie an der dicksten Stelle breit. Schlanke Art. Tergitzeichnung: Fig. 190 bis 192 .... **8. *S. campbelli*,** S. 65
19 Ovipositor höchstens dreimal so lang wie das Pronotum. Mehr gedrungene, balkanische Art. Tergitzeichnung: Fig. 173 bis 175 .... **4. *S. hellenica*,** S. 60
19′ Ovipositor mehr als dreimal so lang wie das Pronotum. Schlankere Arten **20**
20 Ovipositor von der Basis an flach konvex nach aufwärts gekrümmt (Fig. 157). Zahl der Dornen einer Reihe an den Tibien der ersten beiden Beinpaare im Reihendurchschnitt meist unter 11. Tergitzeichnung: Fig. 212 bis 215. – Südliches Europa, Südosteuropa, Kaukasus, Süd-Sibirien .... **13. *S. pedo*,** S. 70
20′ Ovipositor gerade oder erst im distalen Teil nach aufwärts gekrümmt. Zahl der Dornen einer Reihe an den Tibien der ersten beiden Beinpaare im Reihendurchschnitt meist über 11. Tergitzeichnung: Fig. 205. – Südost-Anatolien .... **10. *S. longicaudata*,** S. 67
21 Zahl der Dornen einer Reihe an den Tibien der ersten beiden Beinpaare im Reihendurchschnitt über 11 .... **11. *S. ledereri*,** S. 68
21′ Zahl der Dornen einer Reihe an den Tibien der ersten beiden Beinpaare im Reihendurchschnitt unter 11. Tergitzeichnung: Fig. 206 bis 207 .... **12. *S. ornata*,** S. 69

1. Saga natoliae Serville

1839 *Saga Natoliae* Serville, Hist. nat. Ins., Orthopt. : 541, ♀. – Terra typica: Smyrna (Typus, ♀: verschollen).

1813 *Gryllus Tettigoniae Onos* Stoll, Natuurl. Afb. Beschr. Spoken, ec., Amsterdam, : 24, Taf. 11a, Fig. 42 (♂), 43 (♀), Reg. P. 11 (nec *Gryllus Onos* Pallas 1772); nomen oblitum. – Terra typica: unbekannt (Typus: verschollen).

1840 *Saga gigantea* Herrich-Schäffer, Nomencl. ent., Regensburg, **2** (Orthopt.) : 15, 27 (nec *Gryllus Giganteus* Villers 1789). – Terra typica: Europa meridionalis (Typus: verschollen).

1841 *Saga Synophrys* Charpentier, Z. Ent. (Germar), Leipzig, **3** : 319, ♀. – Terra typica: Turcia (Typus, ♀: Zool. Mus. Berlin).

1842 *Saga pedo*-De Haan, Verh. nederlandsche Overz. Bezitt., Ins., Orthopt. : 209 (nec *Gryllus Pedo* Pallas 1771).

1888 *Saga Brunneri* Saussure, Ann. Soc. ent. France, Paris, (6), **8** : 131, 133. – Terra typica: Ephesus (Typus, ♀: Naturhist. Mus. Wien).

1933 „*Saga rodiensis* Salfi oder *brunneri* Saussure"-Werner, S. ber. Akad. Wiss. Wien, math.-naturw. Kl., (I) **142** : 191.

Literatur: Saussure 1888; Burr, Campbell & Uvarov 1923; Ramme 1951; Kaltenbach 1967a, 1970; Sänger 1980.

Diagnosis: Mittelgroß bis groß, mäßig gedrungen. Kopf und Gliedmaßen kräftig entwickelt. Frons rugos (stark gefältelt bis dicht grob punktiert). Bräunliche bis schwarze Stirnnarben häufig ausgebildet. Pronotum des Männchens mit stark, des Weibchens mit schwächer aufgebogenem Hinterrand. Elytren des

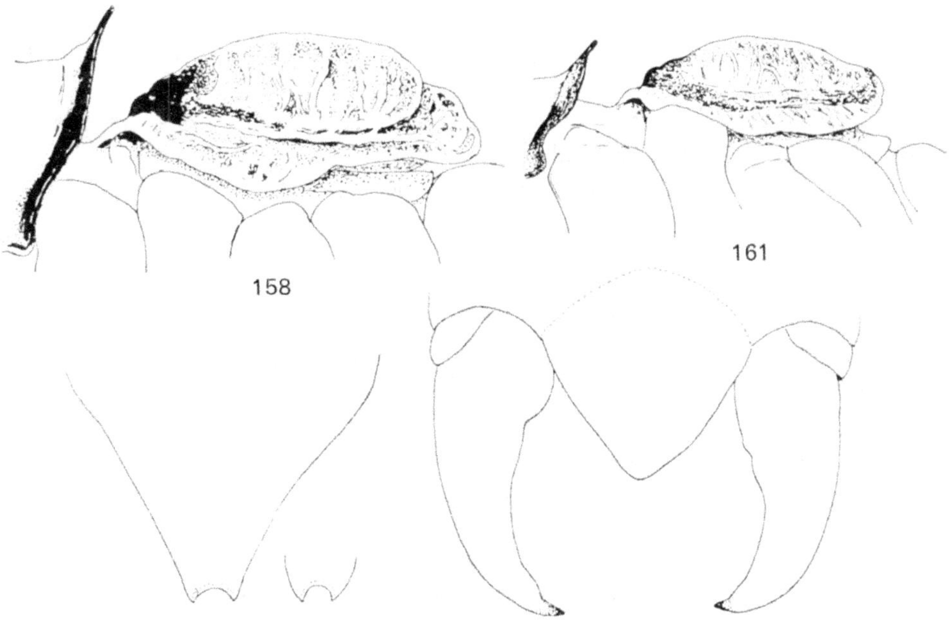

Fig. 158–161. *Saga natoliae* Serville und *S. rhodiensis* Salfi. – 158 = Elytrenprofil des ♂, 159 = Subgenitalplatte des ♀ und 160 = Cerci des ♂ von *S. natoliae*, 161 = Elytrenprofil des ♂ von *S. rhodiensis* (aus Kaltenbach 1967a).

Männchens mit schalenartig aufgewölbtem Diskoidalfeld und meist schwach ausgebildeten Endlappen, die die hintere Grenze des Metanotums erreichen oder etwas überragen. Das Stridulationsfeld ist flach und ragt nie über den Elytren-Oberrand hinaus. Zahl der Dornen der ersten beiden Beinpaare im Reihendurchschnitt: Femur: 9,5 bis 11,2, Tibia: 10,6 bis 13,0. Cerci des Männchens konisch, mit etwas verdickter Basis und gekrümmter Spitze; Apikalzahn in Länge und Stärke variabel. Subgenitalplatte des Weibchens flach bogenförmig ausgerandet. Ovipositor mit flach konkavem bis fast geradem Unterrand, erst im letzten Drittel aufwärts gekrümmt.

Grundfärbung im Leben glänzend grün (bei frisch gehäuteten Imagines besonders deutlich), seltener mit bräunlichen Tönen und nur ausnahmsweise ganz braun. Konservierte Exemplare bräunlich oder gelblich. Schwärzungen treten auf an der Frons, am Vertex und Occiput, am aufgebogenem Hinterrand des Pronotums, an den Pleuren und an der Ventralseite der Femurbasen, als distaler dunkler Ring am Femur und als schwarze Semilunarflecken an den Kniekehlen der Femora. Der schwarze Fleck an der Elytrenbasis fehlt nur selten. Die Tergitzeichnung entspricht *ephippigera*, es kommen jedoch höchstens basale Querstreifen zur Ausbildung. Der Melanismus ist bei Männchen stärker ausgeprägt als bei Weibchen. Rein grüne Exemplare wurden von SAUSSURE als *Saga brunneri* beschrieben.

Maße in mm: Long corp.: ♂ 51,5–81,5, ♀ 60,0–88,6; Long. pronoti: ♂ 10,0–17,5, ♀ 11,5–20,0; Long. elytr. ♂: 7,5–10,8; Long. fem. post.: ♂ 37,2–51,0, ♀ 38,0–54,0; Long. ovipos.: 31,0–45,0.

Verbreitung: Palästina? Syrische Küstenregion, Süd- und West-Anatolien bis zum Marmara Meer, Balkanländer von Bulgarien und Thrazien bis Süddalmatien (Dubrovnik); fehlt in Griechenland südlich von Mazedonien!

2. Saga rhodiensis SALFI

1929 *Saga rhodiensis* SALFI, Arch. zool. ital., Napoli, **13** (1–2) : 214; Taf. 2, Fig. 1–4, ♀. – Terra typica: Rhodos (Monte Smith) (Typus, ♀: Mus. Zool. Univ. Bologna).

1936 *Saga brunneri*-WERNER, S.ber. Akad. Wiss. Wien, math.-naturw. Kl. (I) **145** : 11 (nec *S. Brunneri* SAUSSURE 1888).

1964 *Saga ornata*-KARABAĞ, Comm. Fac. Sci. Univ. Ankara, (C) **13** : 54 (nec *S. ornata* BURMEISTER 1839).

Literatur: JANNONE 1936; KALTENBACH 1967a.

Diagnosis: Habitus sehr ähnlich *natoliae*, besonders der rein grünen *brunneri*-Form. Die dunkle Färbung an Kopf, Pronotum-Hinterrand und Elytrenbasis ist schwächer ausgeprägt und fehlt häufig ganz. Zahl der Dornen der ersten beiden Beinpaare im Reihendurchschnitt: Femora: 9,6 bis 10,2, Tibia: 10,7 bis 13,0. Die Cerci beider Geschlechter und die Subgenitalplatte des Weibchens sind nach dem *ephippigera*-Typus ausgebildet.

Von der nächstverwandten *natoliae* ist das Männchen von *rhodiensis* durch die charakteristischen Cerci und die relativ kürzeren und schmäleren Elytren, von *ephippigera* durch die spezifische Gestalt der Elytren der letzteren leicht zu unterscheiden. Die Weibchen von *rhodiensis* und *natoliae* können an der Cercus-Form und der bei *rhodiensis* tieferen Ausrandung der Subgenitalplatte erkannt werden. Von *ephippigera* sind beide Geschlechter von *rhodiensis* auch durch die Dornenzahl verschieden.

Maße in mm: Long. corp.: ♂ 49,0–84,0, ♀ 54,0–84,0; Long. pronoti: ♂ 10,4–17,5, ♀ 11,3–21,0; Long. elytr. ♂: 6,7 - 8,5; Long. fem. post.: ♂36,5–52,2, ♀ 39,5–55,0; Long. ovipos.: 29,0–37,0.

Verbreitung: Südwest-Anatolien und Rhodos.

3. **Saga ephippigera** Fischer de Waldheim

3a. Saga ephippigera ephippigera Fischer de Waldheim

1846 *Saga ephippigera* Fischer de Waldheim, Entomogr. Russie **4** (Orthopt.): 185; Taf. 30, Fig. 1 u. 2, ♂♀. – Terra typica: Karabagh, Aserbeidschan (Syntypen, ♂♀: Zoolog. Mus. Leningrad).

1878 *Saga monstrosa* Krauss, S.ber. Acad. Wiss. Wien, math.-naturw. Cl., (I) **78** : 509, 510, ♀. – Terra typica: Palästina (Typus, ♀: Naturhist. Mus. Wien).

1888 *Saga ephippigera* var. de Syrie Saussure, Ann. Soc. ent. France, Paris, (6) **8** : 135. – Terra typica: „Syrie septentrionale".

1901 *Saga syriaca*-Werner, S.ber. Akad. Wiss. Wien, math.-naturw. Cl., (I) **110** : 300 (nec *S. Syriaca* Lucas 1864).

1938 *Saga lucasi* (?)-Werner, Konowia, Wien, **17** : 129 (nec *S. lucasi* Saussure 1888).

1951 ? *Saga uvarovi* Ramme, Mitt. zool. Mus. Berlin, **27** : 190; Fig. 37, 41, ♂. – Terra typica: Menara, Galiläa (Typus, ♂).

Literatur: Saussure 1888; Boldyrev 1915; Ramme 1951; Kaltenbach 1967a.

Diagnosis: Mittelgroß bis sehr groß, mäßig robust bis gedrungen. Kopf und Gliedmaßen kräftig entwickelt. Frons rugos, gelegentlich mit Stirnnarben. Pronotum des Männchens mit mäßig bis stark aufgebogenem Hinterrand. Beim Weibchen ist der Pronotum-Hinterrand wie bei *natoliae* schwächer aufgebogen. Elytren des Männchens sehr stark rückgebildet. Die schwach entwickelten Endlappen überragen den Vorderrand des Metanotum nur wenig. Diskoidalfeld zu hellbraunen bis schwärzlichen, wulstförmigen Leisten aufgefaltet. Kostalrand sehr schmal. Der Elytrenoberrand wird nicht vom Stridulationsfeld überragt. Zahl der Dornen der ersten beiden Beinpaare im Reihendurchschnitt: Femur: 8,5 bis 10,0, Tibia: 9,2–11,2. Die Grenzwerte nach oben und unten werden nur von wenigen Individuen erreicht. Cerci des Männchens subzylindrisch, mit geradem oder schwach vorgewölbtem Innenrand, erst knapp vor dem nach innen und etwas nach hinten gerichteten Apikalzahn plötzlich verschmälert. Cerci des Weibchens vom letzten Drittel an allmählich verschmälert mit in der Länge und Stärke sehr variierendem Apikalzahn. Subgenitalplatte des Weibchens distal schmal und tief ausgerandet. Ovipositor unabhängig von der Körpergröße in der Länge stark variierend.

Grundfärbung gelblich bis hellbräunlich mit olivgrünen Tönen, einfarbige Stücke aber auch reingrün. Die schwarze Zeichnung an Kopf, Thorax, an der Unterseite der Femora und an den Tergiten variiert stark. Frons, Vertex und Occiput sowie die Metazona des Pronotum sind manchmal völlig schwarz. Auch bei schwarzem Pronotum-Hinterrand bleibt immer ein schmaler Saum hell.

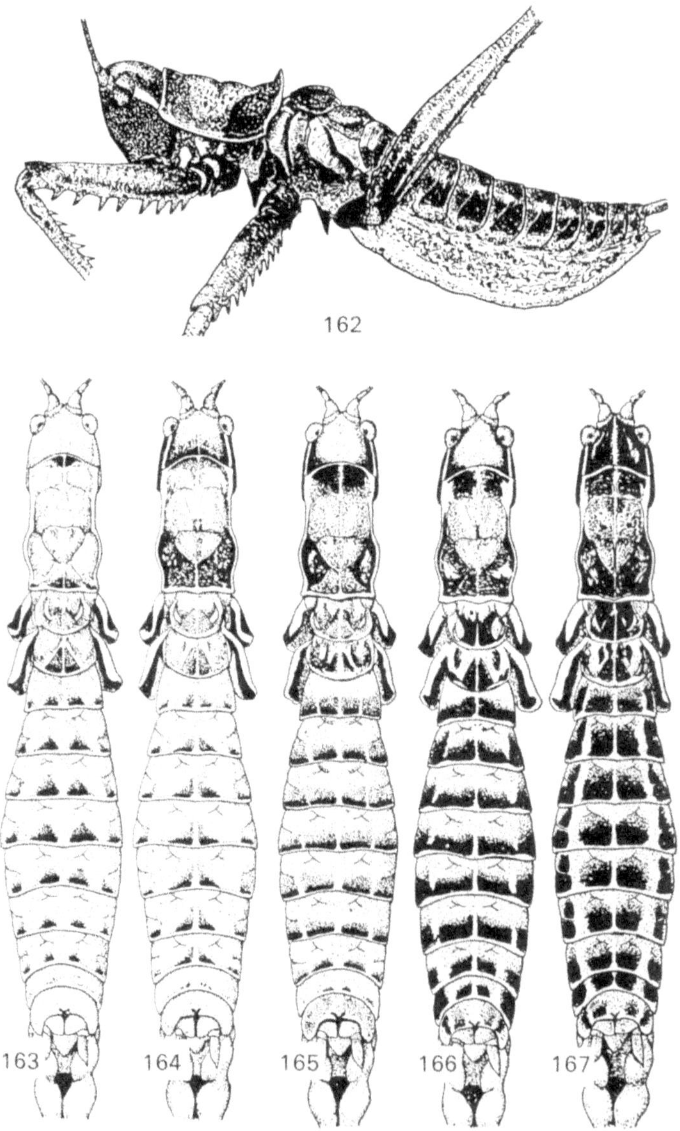

Fig. 162–167. *Saga ephippigera* FISCHER DE WALDHEIM, Zeichnungsmuster von *e. ephippigera* (aus KALTENBACH 1967a und 1970).

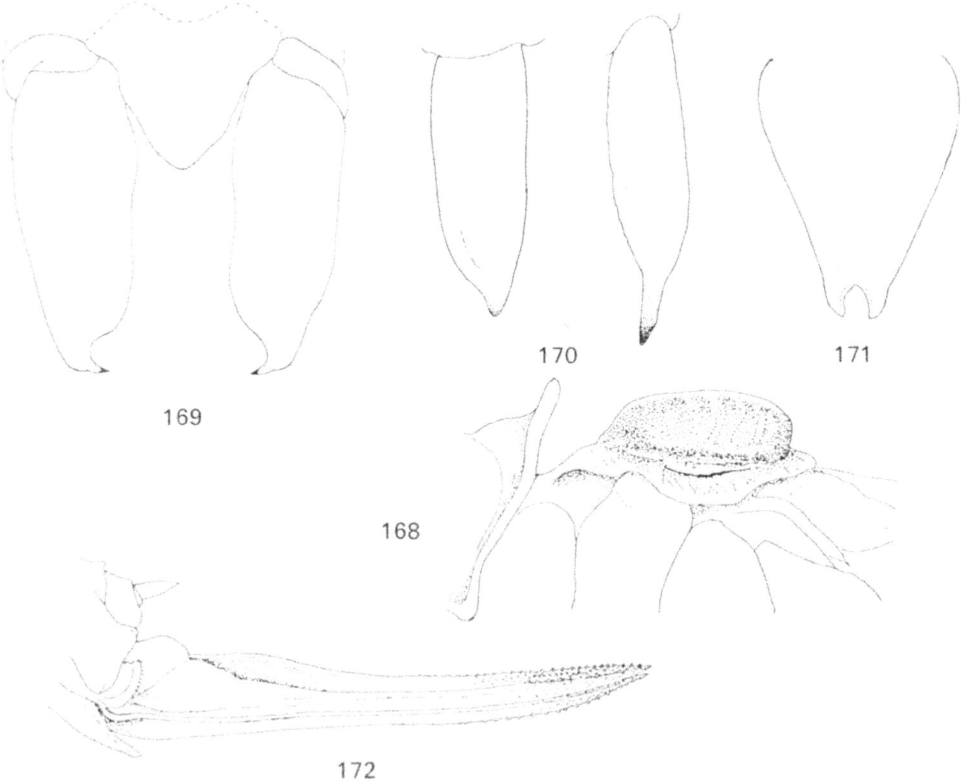

Fig. 168–172. *Saga ephippigera* FISCHER DE WALDHEIM. – 168 = Elytrenprofil des ♂, 169 = Cerci des ♂, 170 = Cerci des ♀, 171 = Subgenitalplatte des ♀, 172 = Ovipositor (aus KALTENBACH 1967a).

Maße in mm: Long. corp.: ♂ 56,5–97,0, ♀ 55,5–113,0; Long. pronoti: ♂ 13,5–24,2, ♀ 11,2–24,0; Long. elytr. ♂: 5,5–8,0; Long. fem. post.: ♂ 39,0–54,0, ♀ 36,0–57,0; Long. ovipos.: 27,5–44,0.

Verbreitung: Palästina, syrische Küstenregion, Ost-Anatolien, Armenien, Kaukasusländer, Nordwest-Iran.

3b. Saga ephippigera syriaca LUCAS

1864 *Saga Syriaca* LUCAS, Bull. ent. in Ann. Soc. ent. France, Paris, (4), **4** : 5, ♀. – Terra typica: Umgeb. Aleppo (Typus, ♀: Mus. nation. Hist. nat., Paris).
Literatur: SAUSSURE 1888; KALTENBACH 1967a.

Diagnosis: Sehr ähnlich der Nominatrasse, aber noch gedrungener bis ausgesprochen plump. Stirn sehr breit (11 bis 17 mm). Der Pronotum-Hinterrand ist, besonders beim Weibchen, oft nur sehr schwach aufgebogen. Zahl der Dornen der ersten beiden Beinpaare im Reihendurchschnitt: Femur: 8,4 bis 9,6, Tibia: 9,9 bis 10,8. Femora der Hinterbeine im Verhältnis zur Länge meist sehr dick.

Rein grüne Formen herrschen vor, jedoch sind Stirn und Wangen häufig bräunlich bis braunschwarz. Ferner treten verdunkelte Stellen an der Basis und am Apex der Vorder- und Mittelbeine auf. Die Unterseite der Femora zeigt manchmal große, dunkle Flecken. Exemplare mit dunkler Tergitzeichnung sind seltener als bei der Nominatrasse; nur in höheren Lagen (Amanus-Gebirge) kommen auch Tiere mit ausgedehnter Schwärzung des Abdomen-Rückens vor.

Maße in mm: Long. corp.: ♂ 71,0–90,0, ♀ 66,0–112,5; Long. pronoti: ♂ 16,0–23,5, ♀ 14,0–24,0; Long. elytr. ♂: 5,5–7,3; Long. fem. post.: ♂41,8–52,0, ♀ 40,0–55,0; Long. ovipos.: 31,5–41,0.

Verbreitung: Mesopotamien, nordsyrische Küstenregion bis zum kurdischen Bergland.

4. **Saga hellenica** KALTENBACH

1967 *Saga hellenica* KALTENBACH, Beitr. Ent., Berlin, **17** : 28, 33, 51, 52, 61; Fig. 4, 5, 17, 18, 34, 35, 56, 57, 82, 103, 114, 137–140, 173, ♂♀. – Terra typica: Parnass, Graecia (Typus, ♂: Naturhist. Mus. Wien).

1832 *Saga serrata*-BRULLÉ, Expédition scient. Morée, **3** (1) : 87 (nec. *Locusta serrata* FABRICIUS 1793).

1878 *Saga vittata*-BOLÍVAR, An. Soc. esp. Hist. nat., Madrid, **7** : 465 partim (nec *Tettigopsis vittata* FISCHER DE WALDHEIM 1830).

1878 *Saga vittata*-KRAUSS, S. ber. Acad. Wiss. Wien, math.-naturw. Cl., (I) **78** : 509, 511 partim (*Tettigopsis vittata* FISCHER DE WALDHEIM partim).

1921 *Saga serrata*-DOFLEIN, Mazedonien, Jena : 508 (nec *Locusta serrata* FABRICIUS 1793).

1951 *Saga italica*-RAMME, Mitt. zool. Mus. Berlin, **27** : 180; Fig. 36–38, partim (nec *Saga italica* COSTA 1836–1857).

Diagnosis: Mittelgroß bis groß, mäßig gedrungen, seltener (kleine Exemplare) schlank. Frons glatt, nur bei sehr starken Exemplaren spärlich fein punktiert. Bei fast allen Tieren sind zwei oder drei Paare bräunlicher bis schwarzer Stirnnarben vorhanden. Pronotum-Hinterrand des Männchens stark, aber schwächer als bei *natoliae*, aufgebogen. Beim Weibchen ist die Aufbiegung sehr gering bis kaum merklich ausgeprägt. Elytren des Männchens verhältnismäßig groß, im distalen Teil mit konkav verlaufendem Oberrand (Profilansicht). Endlappen gut entwikkelt, apikal dachförmig aneinander gelegt. Das Stridulationsfeld ist hoch gewölbt und überragt im distalen Flügelteil fast immer den Oberrand. Zahl der Dornen der ersten beiden Beinpaare im Reihendurchschnitt: Femur: 9,8 bis 11,5, Tibia: 10,7 bis 13,6. Cerci des Männchens mit konvexem Innenrand, in der Mitte am stärksten verdickt. Apikalzahn nach innen und manchmal etwas nach frontal gerichtet. Cerci des Weibchens spindelförmig, mit kürzerem oder längerem Apikalzahn. Subgenitalplatte des Weibchens apikal mäßig tief rundlich oder dreiekkig ausgerandet. Ovipositor besonders im Basalteil kräftig entwickelt und in der Regel mit erst im apikalen Drittel schwach aufwärts gekrümmtem Unterrand.

Grundfärbung im Leben mattgrün oder bräunlich. Kopf und Gliedmaßen ohne dunkle Zeichnung. Am Pronotum ist höchstens im Mittelabschnitt ein kur-

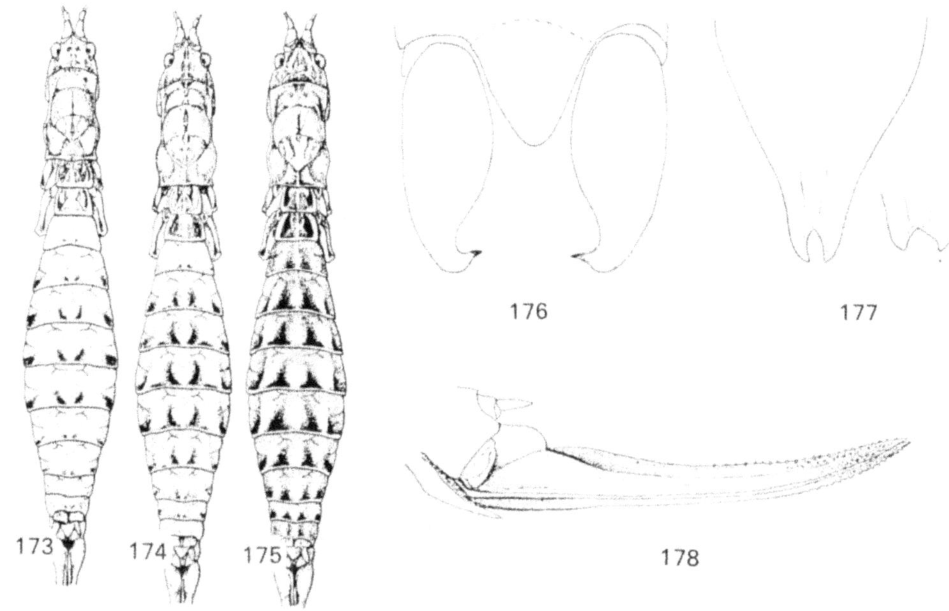

Fig. 173–178. *Saga hellenica* KALTENBACH. – 173–175 = Zeichnungsmuster, 176 = Cerci des ♂, 177 = Subgenitalplatte des ♀, 178 = Ovipositor (aus KALTENBACH 1967a).

zer brauner Medianstrich ausgebildet. Der Abdomen-Rücken des Weibchens ist entweder einfärbig oder weist ein sehr charakteristisches Zeichnungsmuster (Fig. 173–175) auf. Die Männchen sind meist reingrün oder einfärbig braun; seltener sind auf den Tergiten Schattenflecken zu erkennen.

Maße in mm: Long. corp.: 48,0–76,0, ♀ 55,8–78,0; Long. pronoti: ♂ 8,3–15,0, ♀ 10,0–15,2; Long. elytr. ♂; 8,0–11,6; Long. fem. post.: ♂ 36,4–52,0, ♀ 37,0–50,8; Long. ovipos.: 26,0–37,0.

Verbreitung: Griechenland, Mazedonien, Albanien.

5. Saga cappadocica WERNER

1903 *Saga cappadocica* WERNER, Zool. Anz., Leipzig, **26** : 528, ♂♀. – Terra typica: Ereğli, Prov. Konya, Anatolien (Typus, ♀: Naturhist. Mus. Wien).
1896 *Saga* sp. KRAUSS, Zool. Jb., Jena, Syst., **9** : 569.
1899 *Saga serrata*-BOLÍVAR, Ann. Soc. ent. Belge, Bruxelles, **43** : 604 (nec *Locusta serrata* FABRICIUS 1793).
1901 *Saga serrata*-WERNER, S.ber. Acad. Wiss. Wien, math.-naturw. Cl., (I) **110** : 297 (nec *Locusta serrata* FABRICIUS 1793).

Diagnosis: Klein bis mittelgroß, besonders im weiblichen Geschlecht etwas gedrungen. Frons glatt, meist mit nur einem Paar schwach sichtbarer Stirnnarben, oft aber auch ohne Andeutung von Stirnnarben. Pronotum-Hinterrand des Männchens stark aufgebogen, beim Weibchen nur als schwacher Saum vom

Mesonotum abgesetzt. Oberrand der Elytren des Männchens tief eingebuchtet und mit gut entwickelten, breit gerundeten Endlappen. Stridulationsfeld hoch gewölbt und stets den Elytren-Oberrand weit überragend. Zahl der Dornen der ersten beiden Beinpaare im Reihendurchschnitt: Femur: 10,3 bis 14,1, Tibia: 11,8 bis 14,6. Cerci des Männchens mit konvexem oder fast geradem Innenrand, in der Mitte am dicksten. Apikalzahn nach innen gerichtet. Cerci des Weibchens spindelförmig mit verbreiterter Basis oder konisch. Subgenitalplatte des Weibchens flach rundlich ausgerandet.

Grundfärbung braun oder grün. Abdomenrücken mit schwach angedeuteter Medianlinie und breiten, hellen Seitenbinden. Tergite in der basalen Hälfte oft mit halbmondförmigen, braunen bis schwarzen Flecken zu beiden Seiten der Medianlinie, die dann als perlenschnurartiges, helles Band erscheint. Bei den bunten Formen ist der Hinterrand der Tergite mit einem abwechselnd braun und weiß gefleckten Saum versehen. An den Tergitseiten ist dieser Saum besonders deutlich.

Maße in mm: Long. corp.: ♂ 43,4–60,0, ♀ 49,2–64,5; Long. pronoti: ♂ 7,3–10,0, ♀ 8,5–11,2; Long. elytr.: ♂ 7,0–9,0; Long. fem. post.: ♂ 28,6–41,0, ♀ 32,5–43,3; Long. ovipos.: 22,5–31,0.

Verbreitung: Zentral- und Süd-Anatolien.

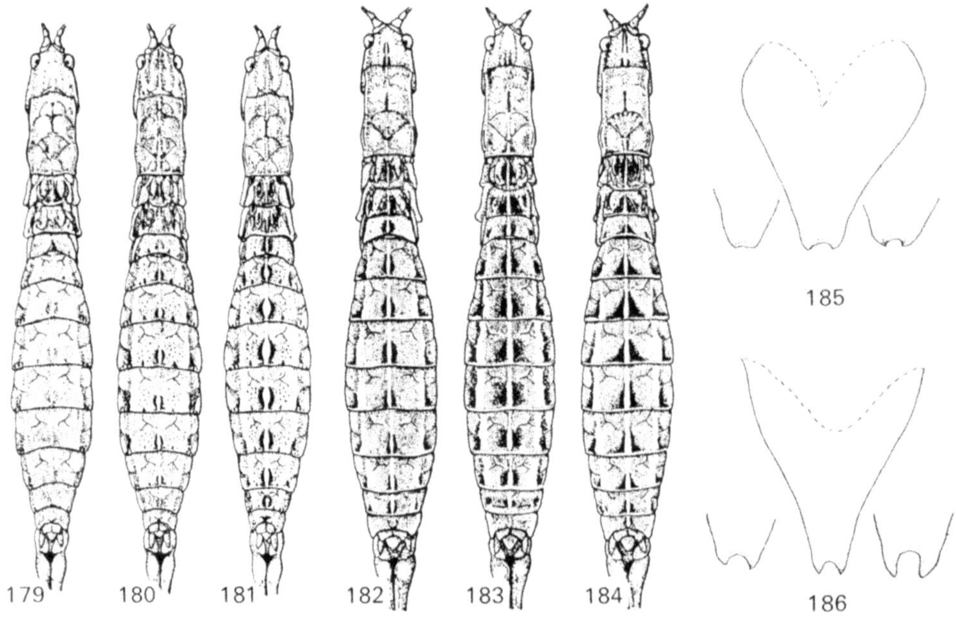

Fig. 179–186. *Saga cappadocica* Werner und *S. rammei* Kaltenbach. – 179–181 = Zeichnungsmuster von *S. cappadocica*, 182–184 = Zeichnungsmuster von *S. rammei*, 185 = Subgenitalplatte des ♀ von *S. cappadocica*, 186 = Subgenitalplatte des ♀ von *S. rammei* (aus Kaltenbach 1967a).

6. **Saga rammei** Kaltenbach

1965 *Saga rammei* Kaltenbach, Ann. naturhist. Mus. Wien, **68** : 484 (vorläufige Beschreibung).
1967 *Saga rammei* Kaltenbach, Beitr. Ent., Berlin, **17** : 34, 51, 52, 70; Fig. 3, 10, 20, 21, 37, 38, 60, 61, 86, 87, 105, 115, 145–149, 173, ♂♀. – Terra typica: Štip, Mazedonien (Typus, ♂: Zool. Mus. Berlin).
1910 *Saga vittata*-Ebner, Zool. Jb., Jena, Syst., **29** : 412 (nec. *Tettigopsis vittata* Fischer de Waldheim 1830).
1921 *Saga natoliae*-Doflein, Mazedonien, Jena : 508 (nec *S. natoliae* Serville 1839).
1923 *Saga ornata* (?)-Uvarov, in: Burr, Campbell & Uvarov, Trans. r. ent. Soc. London, **1923** : 151 (nec *S. ornata* Burmeister 1839).
1949 *Saga pedo*-Uvarov, Not. ent., Helsinki, **28** : 92 (nec *Gryllus pedo* Pallas 1771).
1951 *Saga campbelli*-Ramme, Mitt. zool. Mus. Berlin, **27** : 182 (nec *S. campbelli* Uvarov 1921).

Diagnosis: Durchschnittlich mittelgroß, besonders das Weibchen ähnlich *cappadocica* und ebenfalls etwas gedrungen, mit verhältnismäßig kräftigen Gliedmaßen. Frons glatt, mit drei Paaren (ausnahmsweise nur mit zwei oder einem Paar) fast immer sehr deutlicher Stirnnarben. Pronotum-Hinterrand beim Männchen stärker, beim Weibchen sehr schwach aufgebogen. Elytren des Männchens mit durchgehend konvexem Oberrand (Profilansicht!) und gut ausgebildeten Endlappen, die jedoch schmäler sind als bei *hellenica* und *cappadocica.* Das Stridulationsfeld ist flacher entwickelt als bei den genannten Arten und überragt nur ausnahmsweise etwas den Oberrand der Elytren. Zahl der Dornen der ersten beiden Beinpaare im Reihendurchschnitt: Femur: 9,4 bis 11,5, Tibia: 10,4 bis 12,4. Cerci des Männchens wie bei *hellenica,* aber im distalen Teil stärker verschmälert. Apikalzahn nach innen gerichtet. Cerci des Weibchens spindelförmig, mit verbreiterter Basis. Subgenitalplatte des Weibchens tiefer rundlich ausgeschnitten, gelegentlich jedoch Annäherungen an die flache Form der Ausrandung bei *cappadocica.* Ovipositor verhältnismäßig kurz, ziemlich gerade und erst im apikalen Drittel aufwärts gekrümmt.

Grundfärbung grün oder braun. Paranota mit scharf abgesetzter, heller Randbinde. Einfärbige Tiere seltener als Individuen mit Rückenzeichnung. Diese ist jedoch beim Männchen weniger deutlich ausgeprägt als beim Weibchen. Die helle Medianlinie ist meist sichtbar, an konservierten Stücken aber oft nur in der basalen Hälfte der Tergite zu erkennen. Bei Weibchen mit abdominalem Zeichnungsmuster wird sie von dunkelbraunen Flecken umsäumt, die rehhufspurartig oder dreieckig geformt sind.

Maße in mm: Long. corp.: ♂ 45,0–60,0, ♀ 49,6–71,0; Long. pronoti: ♂ 8,5–11,0, ♀ 8,8–12,0; Long. elytr. ♂: 6,5–8,8; Long. fem. post.: ♂ 33,0–42,2, ♀ 35,6–44,5; Long. ovipos.: 22,8–29,0.

Verbreitung: Mazedonien, Süd-Bulgarien.

7. **Saga puella** Werner

1901 *Saga puella* Werner, S.ber. Acad. Wiss. Wien, math.-naturw. Cl., (I) **110** : 298; Fig. 1 a–c, ♂♀. – Terra typica: Ephesus (Typus, ♂: Naturhist. Mus. Wien).

Diagnosis: Klein, seltener mittelgroß, schlank. Frons glatt, mit nur undeutlichen oder fehlenden Stirnnarben. Pronotum-Hinterrand beim Männchen nur sehr schmal, beim Weibchen kaum aufgebogen. Elytren des Männchens mit konvexem Oberrand und meist nur schwach ausgebildeten, abgerundeten Endlappen. Das Stridulationsfeld überragt nur selten etwas den Oberrand der Deckflügel. Zahl der Dornen der ersten beiden Beinpaare im Reihendurchschnitt: Femur: 9,4 bis 10,8, Tibia: 11,0 bis 14,0. Cerci des Männchens ähnlich *rammei*, aber schlanker, meist konisch gestaltet, mit grazilem Köpfchen und nach innen gerichtetem Apikalzahn. Cerci des Weibchens ähnlich *cappadocica*. Subgenitalplatte des Weibchens apikal tief rundlich oder dreieckig ausgeschnitten. Ovipositor kurz und ziemlich gerade. Dorsalrand oft bis zur Spitze gerade verlaufend und immer von der Basis an gezähnelt.

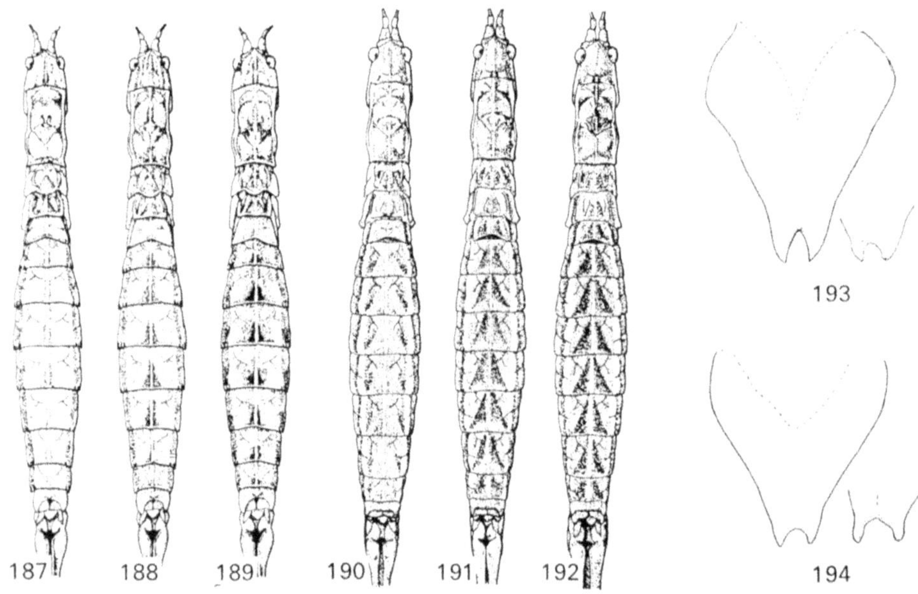

Fig. 187–194. *Saga puella* WERNER und *S. campbelli* UVAROV. – 187–189 = Zeichnungsmuster von *S. puella*, 190–192 = Zeichnungsmuster von *S. campbelli*, 193 = Subgenitalplatte des ♀ von *S. puella*, 194 = Subgenitalplatte des ♀ von *S. campbelli* (aus KALTENBACH 1967a).

Grundfärbung grün oder bräunlich. Das Tergit-Zeichnungsmuster ähnelt *rammei*.

Maße in mm: Long. corp.: ♂ 41,0–53,0, ♀ 46,4–59,0; Long. pronoti: ♂ 7,0–10,1, ♀ 7,8–10,0; Long. elytr.: ♂ 6,0–7,5; Long. fem. post.: ♂ 32,3–38,5, ♀ 36,0–39,5; Long. Ovipos.: 21,2–26,0.

Verbreitung: Anatolien.

8. **Saga campbelli** Uvarov

8a. Saga campbelli campbelli Uvarov

1921 *Saga campbelli* Uvarov, Entomologist's Rec. J. Variation, London, **33** : 158, ♂♀. – Terra typica: Lembet b. Saloniki (Typus, ♀: Brit. Mus. nat. Hist., London).

Diagnosis: Mittelgroß, sehr schlank, mit langen, schlanken Gliedmaßen. Frons glatt, in der Regel mit nur zwei Paaren von Stirnpunkten; die ventralen Stirnpunkte sind oft blaß und undeutlich. Pronotum-Hinterrand des Männchens schwach, des Weibchens kaum wahrnehmbar aufgebogen. Elytren des Männchens am Oberrand vor dem Endlappen flach konkav vertieft (Profilansicht!).

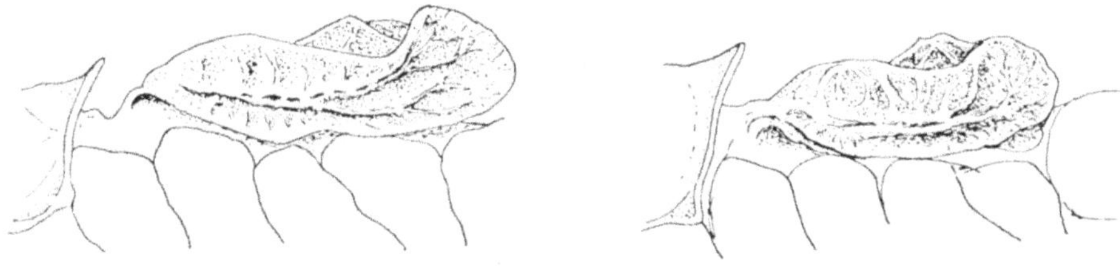

195 196

Fig. 195 und 196. *Saga cappadocica* Werner und *S. campbelli* Uvarov, Elytrenprofile (aus Kaltenbach 1967a).

Der Endlappen ist meist kurz und breit gerundet. Stridulationsfeld stärker gewölbt und fast immer den Elytrenoberrand etwas überragend. Zahl der Dornen der ersten beiden Beinpaare im Reihendurchschnitt: Femur: 10,7 bis 13,0, Tibia: 12,1 bis 14,9. Die Cerci des Männchens variieren etwas in ihrer Gestalt, entsprechen aber dem *hellenica*-Typus. Das subapikale Köpfchen mit dem nach innen gerichteten Cercuszahn ist bei *campbelli* auch relativ kleiner als bei *hellenica* und *rammei*. Die Gestalt der weiblichen Cerci ist variabel. Subgenitalplatte des Weibchens apikal mäßig tief ausgeschnitten. Ovipositor schlank, mit geradem, erst im apikalen Drittel etwas nach oben gekrümmten Unterrand.

Grundfärbung grasgrün, gelbbraun mit olivgrünen Tönen, graubraun oder seltener rotbraun. Ganz einfärbige Individuen und Tiere mit brauner Rückenzeichnung treten weniger häufig auf als solche mit schmaler, heller Medianlinie und breiteren, gelblichweißen, oft gewellten oder gezackten Seitenbinden. Wenn ein Tergit-Zeichnungsmuster ausgebildet ist, hat es die Gestalt schräger Strichel oder konvergierender, innen unscharf begrenzter Dreiecke. Der Unterrand der Paranota ist als breites, weißes Band (nur bei guter Farberhaltung deutlich!) scharf abgesetzt.

Maße in mm: Long. corp.: ♂ 49,5–58,5, ♀ 53,0–68,5; Long. pronoti: ♂ 8,6–9,6, ♀ 9,0–11,6; Long elytr. ♂: 6,0–7,0; Long. fem. post.: ♂ 40,0–44,7, ♀ 39,0–48,0; Long. ovipos.: 28,3–31,7.

Verbreitung: Süd-Mazedonien.

8b. Saga campbelli gracilis KIS

1962 *Saga italica gracilis* KIS, Ann. Hist.-nat. Mus. nation. hung., Budapest, (Zool.), **54** : 255; Fig. 1–6, ♂♀. – Terra typica: Histria, Sinoe-See, Dobrudscha (Typus, ♂: Zool. Inst., Univ. Cluj).
1933 *Saga brunneri*-WERNER, Mitt. zool. Mus. Berlin, **18** : 405 (nec *S. Brunneri* SAUSSURE 1888).
1967 *Saga campbelli gracilis*-KALTENBACH, Beitr. Ent., Berlin, **17** : 35, 77; Fig. 66, 173.

Diagnosis: Im Habitus der Nominatrasse äußerst ähnlich. Zahl der Dornen der ersten beiden Beinpaare im Reihendurchschnitt: Femur: 9,9 bis 11,5, Tibia: 10,5 bis 12,4. Bei Exemplaren aus Thrazien kommen selten Überschneidungen hinsichtlich der Zahl der Tibialdornen mit *S. campbelli campbelli* vor.

Verbreitung: Nordägäische Inseln, Thrazien, Dobrudscha.

9. **Saga beieri** KALTENBACH

1967 *Saga beieri* KALTENBACH, Beitr. Ent., Berlin **17** : 39, 51, 52, 78; Fig. 25, 42, 43, 67, 92, 108, 159–162, 174, ♂♀. – Terra typica: Ersin bei Dörtyol, Südost-Anatolien (Typus, ♂: Zool. Mus. Berlin).
1951 *Saga lucasi*-RAMME, Mitt. zool. Mus. Berlin, **27** : 187; Fig. 36, 37, ♂♀ (*S. Lucasii* SAUSSURE 1888 partim).
1958 *Saga lucasi*-KARABAĞ, Ankara Univ. Fen Fakült. Yayin., **81** (Zool. 4): 81 (nec *S. Lucasii* SAUSSURE 1888).

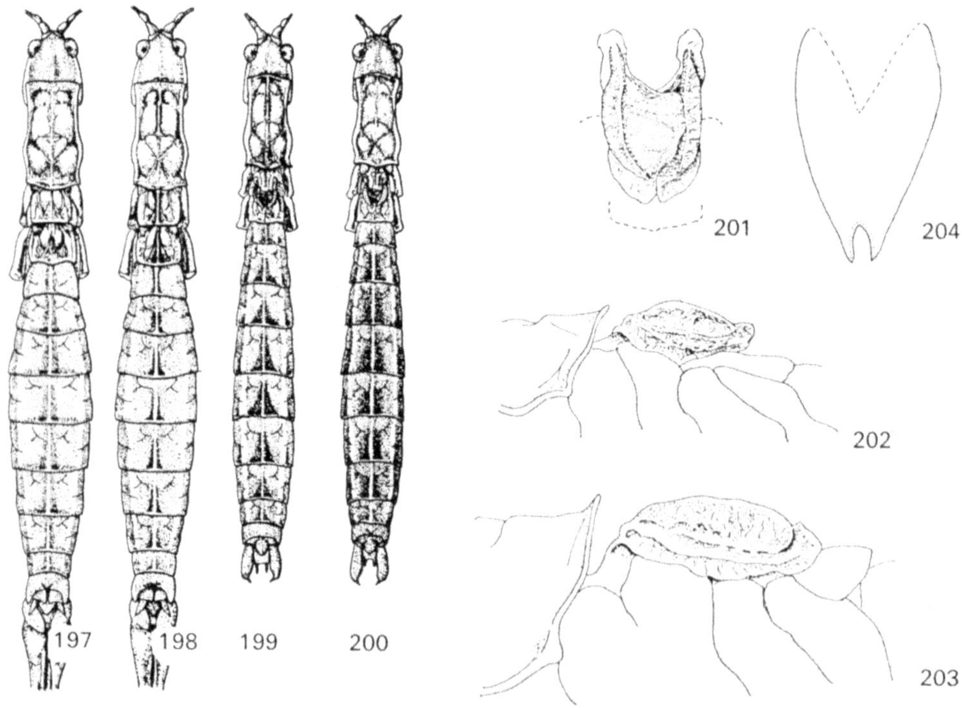

Fig. 197–202. 204. *Saga beieri* KALTENBACH. – 197–200 = Zeichnungsmuster, 201–202 = Elytren des ♂, dorsal und im Profil, 204 = Subgenitalplatte des ♀ (aus KALTENBACH 1967a). Fig. 203. *Saga longicaudata* KRAUSS, Elytrenprofil des ♂ (aus KALTENBACH 1967a).

Diagnosis: Kaum mittelgroß bis ziemlich groß. Männchen sehr schlank, Weibchen schlank. Frons glatt, Stirnnarben undeutlich oder fehlend. Pronotum-Hinterrand beim Männchen schwach, beim Weibchen nur geringfügig aufgebogen. Elytren des Männchens schmal aufgefaltet, bis zur Mitte des Metanotum reichend oder diese nur wenig überragend. Häutiger Kostalsaum der Elytren schmal, Endlappen kurz. Das Stridulationsfeld ragt meist nicht über den Elytren-Oberrand hinaus. Zahl der Dornen an den ersten beiden Beinpaaren im Reihendurchschnitt: Femur: 9,9 bis 10,5, Tibia: 11,4 bis 12,9. Cerci des Männchens mit geradrandigem oder schwach konvexem Innenpolster, erst im distalen Drittel allmählich verschmälert. Apikalzahn nach innen und etwas nach hinten gerichtet. Cerci des Weibchens walzenförmig, Subgenitalplatte tiefer rundlich oder winkelig ausgeschnitten. Ovipositor mit geradem Unterrand, erst im letzten Drittel schwach aufwärts gekrümmt.

Grundfärbung grün, seltener braun. Unterrand der Paranota breit hell abgesetzt (nur bei guter Farberhaltung deutlich). Die helle mediane Rückenlinie ist meist gut erkennbar und wird oft von blaßbraunen, paramedianen Streifen mit verwaschenen Seitenrändern gesäumt. Tergit-Zeichnungsmuster: Fig. 197–200. Bei *beieri* zeigen auch die Männchen fast immer eine deutliche Tergitzeichnung. Rein grüne Formen scheinen selten zu sein. Das laterale Fleckenpaar kann (auch bei gut entwickeltem dorsalen Zeichnungsmuster) nur angedeutet sein oder auch ganz fehlen.

Maße in mm: Long. corp.: ♂ 47,0–65,0, ♀ 58,0–69,5; Long. pronoti: ♂ 8,5–12,5, ♀ 10,0–13,0; Long. elytr. ♂: 4,0–5,0; Long. fem. post.: ♂ 39,6–52,0, ♀ 41,0–48,2; Long. ovipos.: 30,0–37,5.

Verbreitung: Syrien, Ost-Anatolien.

10. **Saga longicaudata** KRAUSS

1878 *Saga longicaudata* KRAUSS, S.ber. Acad. Wiss. Wien, math.-naturw. Cl., (I) **78** : 508, 510, ♂♀. – Terra typica: Kilikischer Taurus (Lectotypus, ♂: Naturhist. Mus. Wien).

1878 *Saga serrata*-KRAUSS, S.ber. Acad. Wiss. Wien, math.-naturw. Cl., (I) **78** : 506, 508, 509; T. 3, Fig. 4, 4A–C, ♂, nec ♀ (nec *Locusta serrata* FABRICIUS 1783).

1901 *Saga ornata*-WERNER, S.ber. Acad. Wiss. Wien, math.-naturw. Cl., (I) **110** : 298 (nec *S. ornata* BURMEISTER 1839).

Literatur: RAMME 1951; KALTENBACH 1967a.

Diagnosis: Durchschnittlich mittelgroß bis groß, schlank. Oft erhebliche Größenunterschiede. Frons glatt, mit schwach, selten stärker gebräunten Stirnnarben, die gelegentlich auch fehlen können. Pronotum-Hinterrand des Männchens nur wenig, des Weibchens kaum merklich aufgebogen. Elytren des Männchens bis zum letzten Drittel des Metanotum reichend oder etwas länger, aber nie dessen Hinterrand berührend. Oberrand der Elytren konvex gekrümmt (Profilansicht!), häutiger Kostalsaum sehr schmal bis mäßig breit und Endlappen schwach entwickelt. Der Elytrenoberrand wird nie vom Stridulationsfeld überragt. Zahl der Dornen der ersten beiden Beinpaare im Reihendurchschnitt: Femur: 9,5 bis 10,8, Tibia: 11,4 bis 13,1. Cerci des Männchens mit fast geradem oder flach konvexem Innenrand, subapikal plötzlich verschmälert. Cercuszahn nach innen und schräg hinten gerichtet. Cerci des Weibchens subzylindrisch mit konischem Apikalteil. Weibliche Subgenitalplatte tief rundlich ausgeschnitten. Ovipositor lang und gerade, Unterrand erst im apikalen Viertel etwas nach oben gekrümmt.

Färbung und Zeichnungsmuster ähnlich *beieri*, aber meist weniger ausdrucksvoll. Einfärbige Individuen treten häufiger auf. Unterrand der Paranota nur mit schmalem, hellen Saum.

Maße in mm: Long. corp.: ♂ 44,0–70,0, ♀ 61,0–76,0; Long. pronoti: ♂ 9,1–16,0, ♀ 11,0–14,5; Long. elytr. ♂: 5,0–6,5; Long. fem. post.: ♂ 37,2–47,8, ♀ 42,5–50,0; Long. ovipos.: 36,0–43,0.

Verbreitung: Ost-Anatolien.

11. Saga ledereri SAUSSURE

1888 *Saga ledereri* SAUSSURE, Ann. Soc. ent. France, Paris, (6) **8** : 131, 134, ♂♀. – Terra typica: Beirut (Typus, ♂: Mus. Hist. nat., Genève).

1878 *Saga ornata*-KRAUSS, S.ber. Acad. Wiss. Wien, math.-naturw. Cl., (I) **78** : 508, 510 (nec *S. ornata* BURMEISTER 1839).

1901 *Saga ornata*-WERNER, S.ber. Acad. Wiss. Wien, math.-naturw. Cl., (I) **110** : 300, ♂, nec ♀ (nec *S. ornata* BURMEISTER 1839).

1906 *Saga Kraussi* KIRBY, Synonymic Cat. Orth., **2** : 224 (nom. nov. pro *ornata* KRAUSS 1878, nec BURMEISTER 1839).

1951 *Saga ornata*-RAMME, Mitt. zool. Mus. Berlin, **27** : 186 (*S. ornata* BURMEISTER 1839 partim).

Literatur: KALTENBACH 1967a.

Diagnosis: Mittelgroß bis groß, schlank, mit langen, schlanken Gliedmaßen. Frons gröber punktiert bis schwach rugos, mit zwei Paaren Stirnnarben, die aber nicht immer deutlich ausgebildet sind. Pronotum-Hinterrand beim Männchen schwach, beim Weibchen kaum wahrnehmbar aufgebogen. Die Elytren des Männchens erreichen die hintere Metanotum-Grenze nicht. Oberrand der Elytren in Profilansicht flach konvex, vor dem kurzen, breit verrundeten Endlappen etwas niedergedrückt. Das stärker gewölbte Stridulationsfeld überragt in Profilansicht den Elytren-Oberrand. Zahl der Dornen an den ersten beiden Beinpaaren im Reihendurchschnitt: Femur: 9,0 bis 9,1, Tibia: 11,2 bis 12,6. Cerci des Männchens wie bei *beieri*, der Apikalzahn ist etwas stärker nach hinten gekrümmt (konstant?). Subgenitalplatte des Weibchens tief rundlich ausgeschnitten. Ovipositor wie bei *ornata*.

Grün oder sandbraun. Die helle Medianlinie auf dem Abdomen-Rücken ist bei älteren Sammlungsexemplaren oft nur im basalen Abschnitt sichtbar. Die paramedianen Flecken auf den Tergiten haben Dreiecksgestalt und weisen leicht divergierende Innenränder auf. Der Hinterrand der Tergitseiten wird wie bei

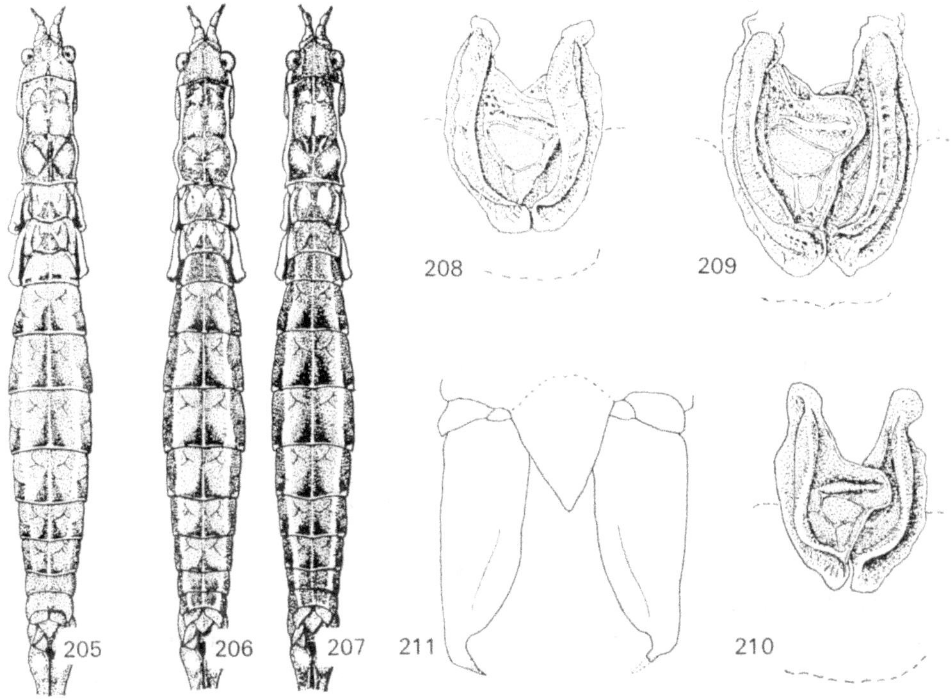

Fig. 205–211. *Saga longicaudata* KRAUSS, *S. ornata* BURMEISTER und *S. ledereri* SAUSSURE. – 205 = Zeichnungsmuster von *S. longicaudata*, 206–207 = Zeichnungsmuster von *S. ornata*, 208 = Elytren des ♂ von *S. longicaudata*, 209 = Elytren des ♂ von *S. ledereri*, 210 = Elytren des ♂ von *S. ornata*, 211 = Cerci des ♂ von *S. ledereri* (aus KALTENBACH 1967a).

ornata von keilförmigen, weißen Streifen gesäumt, die sich von den braunen Seitenflecken scharf abheben.

Maße in mm: Long. corp.: ♂ 62,0–74,5, ♀ 64,0–77,4; Long. pronoti: ♂ 12,5–14,5, ♀ 12,6–14,1; Long. elytr. ♂: 6,0–7,2; Long. fem. post.: ♂45,5–54,0; ♀46,6–50,0; Long. ovipos.: 31,0–33,3.

Verbreitung: Libanon. Südost-Anatolien?

12. **Saga ornata** BURMEISTER

1817 – –SAVIGNY, Descript. Égypte, Zool., Orthopt., Taf. 4, Fig. 11 (Abbildungsvorlage für die Beschreibung).

1839 *Saga ornata* BURMEISTER, Handb. Ent., Jena, **2** : 717, ♀. – Terra typica restricta: Palästina. – „Im nördlichen Afrika" sicher unrichtig (Typus, ♀: verschollen).

1888 *Saga Lucasii* SAUSSURE, Ann. Soc. ent. France, Paris, (6) **8** : 135, ♂. – Terra typica: „Syrie" (Typus, ♂: Mus. nation. Hist. nat., Paris).

1888 ? *Saga Savignyi* SAUSSURE, Ann. Soc. ent. France, Paris, (6) **8** : 132, ♀.

1924 *Saga gracilipes* UVAROV, in: BUXTON & UVAROV, Bull. Soc. r. ent. Égypte, Le Caire **16** (1923) : 179, ♂♀. – Terra typica: Beisan, Jordantal (Typus, ♀: Brit. Mus. nat. Hist., London).

1930 *Saga ornatipes* BODENHEIMER, Schädlingsfauna Palästinas, Berlin: 65 (Laps. cal. pro *gracilipes* UVAROV).

1951 *Saga lucasi*-RAMME, Mitt. zool. Mus. Berlin, **27** : 187 partim (*Saga Lucasii* SAUSSURE 1888 partim).

Literatur: KALTENBACH 1967a.

Diagnosis: Mittelgroß bis groß, schlank; große Weibchen etwas gedrungener. Gliedmaßen aber immer lang und schlank und die Femoraldornen an den Vorder- und Mittelbeinen mit schmaler Basis. Frons punktiert bis zart gefältelt; Stirnnarben meist undeutlich. Hinterrand des Pronotum beim Männchen ziemlich schwach, beim Weibchen nur ganz wenig aufgebogen. Die Elytren des Männchens erreichen höchstens die Mitte des Metanotum. Ein häutiger Kostalsaum und Endlappen sind kaum entwickelt. Oberrand der Elytren gerade oder flach konvex gekrümmt, distal etwas eingesenkt. Das stärker gewölbte Stridulationsfeld überragt im distalen Teil meist etwas den Oberrand der Elytren. Zahl der Dornen an den ersten beiden Beinpaaren im Reihendurchschnitt: Femur: 8,8 bis 9,2, Tibia: 10,2 bis 10,8. Cerci des Männchens ähnlich *ledereri*, aber schlanker als bei dieser Art. Cerci des Weibchens sehr variabel. Subgenitalplatte des Weibchens apikal tief rundlich ausgeschnitten. Ovipositor mit geradem Unterrand, erst subapikal schwach aufwärts gekrümmt.

Grundfärbung scherbengelb mit grünem Anflug bis graubraun. Der Unterrand der Paranota ist (wie bei *ledereri*) breit hell abgesetzt. Bei guter Farberhaltung ist auch an den Seiten der abdominalen Tergite der weiß oder gelblich gefärbte Unterrand und ein keilförmiger weißer, braun gesäumter Streifen am Hinterrand erkennbar. Rückenzeichnung: Fig.: 206–207.

Maße in mm: Long. corp.: ♂ 57,0–83,0, ♀ 69,5–80,0; Long. pronoti: ♂ 11,8–16,3, ♀ 12,5–16,2; Long. elytr. ♂: 5,0–6,0; Long. fem. post.: ♂ 48,5–57,6, ♀ 50,0–55,5; Long. ovipos.: 31,0–36,0.

Verbreitung: Palästina.

13. **Saga pedo** (PALLAS)

1771 *Gryllus Pedo (Tettigonia)* PALLAS, Reise russ. Reich, **1** : 467, ♀.

o.Jz. *Gryllus Pedo*, PALLAS, Unveröffentlichtes Manuskript, zool. Mus. Berlin, T. 9, Fig. 12, ♀. – Fundort: „Rossiae temperatae et australioris“ (Typus, ♀: verschollen).

1789 *Gryllus Tett. Giganteus* DE VILLERS, Caroli Linnaei Ent., Lugduni, **1** : 451; T. 3, Fig. 7, ♀ (syn. CHARPENTIER 1825). – Terra typica: „Occitania“.

1793 *Locusta serrata* FABRICIUS, Entomologia syst., **2** : 43, ♀ (syn. FISCHER DE WALDHEIM 1846). – Terra typica: „Hungaria“ (Typus, ♀: verschollen).

1830 *Tettigopsis Pedo*-FISCHER DE WALDHEIM, Notice *Tettigopsis*, Moscou, : 15.

1830 *Tettigopsis serrata*-FISCHER DE WALDHEIM, Notice *Tettigopsis*, Moscou, : 15.

1830 *Tettigopsis nudipes* FISCHER DE WALDHEIM, Notice *Tettigopsis*, Moscou, : 15, larva (syn. FISCHER DE WALDHEIM 1846). – Terra typica: Russie méridionale.

1830 *Tettigopsis vittata* FISCHER DE WALDHEIM, Notice *Tettigopsis*, Moscou, : 16; Taf., ♀ (syn. RAMME 1951). – Terra typica: „Steppes de la Sarpa“.

1846 *Saga undulata* FISCHER DE WALDHEIM, Entomogr. Russie IV. Orth. Moscou, : 188 (Laps. cal. pro *vittata*).

1836–1857 *Saga italica* COSTA, Fauna Regno Napoli, Ortott./Locust., : 7; T. 12, Fig. 1, ♀ (syn. KALTENBACH 1967 a). : Terra typica: „Terra d'Otranto", Süd-Italien (Typus, ♀: durch Kriegseinwirkung vernichtet).
1863 ? *Saga quadrisignata* PHILIPPI, Z. Naturw., Halle, **21** : 235.
1874 *Locusta gigantea*-COSTA, Fauna salentina, **2** : 482.
1905 *Saga serrata* var. *Oswaldi* BÉRENGUIER, Bull. Soc. Sci. nat. Nîmes, **33**: 151. – Terra typica: Roquebrun (Var), Süd-Frankreich.
1951 *Saga italica*-RAMME, Mitt. zool. Mus. Berlin, **27** : 180, partim (*S. italica* COSTA 1836–1857).
Literatur: BÉRENGUIER 1905; ZACHER 1928; LANG 1930; JAUS 1934; MATTHEY 1941, 1948; CHOPARD 1946; RAMME 1951; KALTENBACH 1967 a, 1970; CANTRALL 1972; VICKERY & KEVAN 1983.

Diagnosis: Durchschnittlich mittelgroße, schlanke, nur im weiblichen Geschlecht bekannte Art (Literaturangaben über Männchen beruhen auf Fehlbestimmungen!). Frons glatt, meist mit zwei, seltener mit vier oder sechs braunen Stirnpunkten. Das ventrale und das laterale Punktepaar sind aber dann nur als Narben erkennbar. Der Pronotum-Hinterrand ist als schmaler Saum vom Mesonotum abgesetzt und nur selten ganz wenig aufgebogen. Zahl der Dornen an den ersten beiden Beinpaaren im Reihendurchschnitt: Femur: 9,4 bis 11,0, Tibia: 9,1 bis 11,4. Cerci walzenförmig, meist mit kurzem Apikalzahn. Subgenitalplatte flach bogenförmig oder stumpfwinkelig ausgeschnitten. Unterrand des Ovipositor in ganzer Länge flach konvex gekrümmt.

Grundfärbung gelbgrün bis dunkelgrün, seltener strohgelb, graubraun oder braunrot. In Mitteleuropa fast immer grün. Unterrand der Paranota nur mit

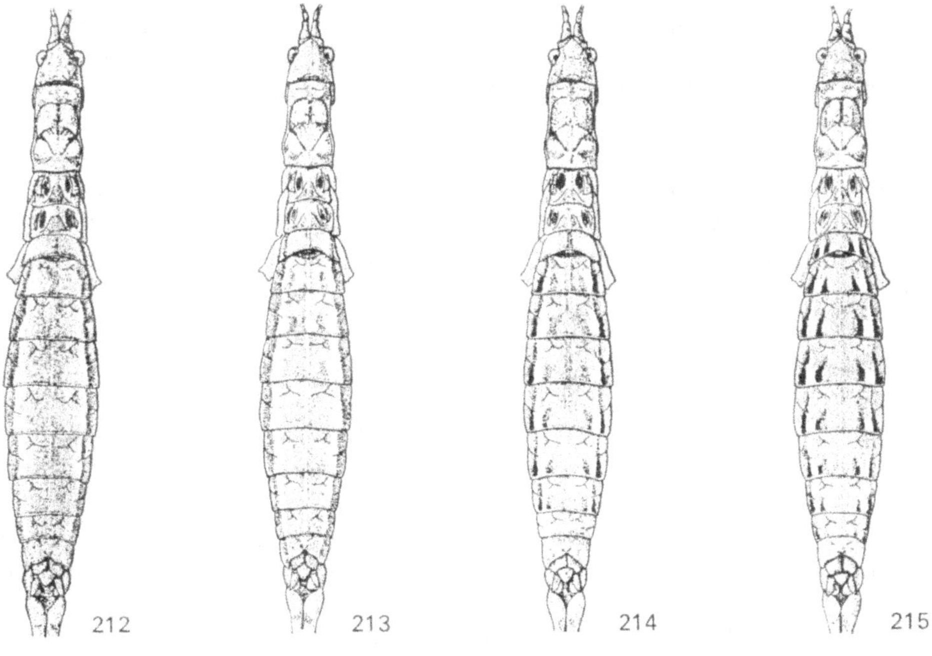

Fig. 212–215. *Saga pedo* (PALLAS), Zeichnungsmuster (aus KALTENBACH 1967 a).

einem schmalen hellen Saum (ganz ausnahmsweise kann die im Larvenstadium breite helle Randbinde auch bei adulten Tieren erhalten bleiben). Häufig nur mit verwaschenen, helleren Seitenbinden am Abdomen ohne dunkle Tergit-Fleckenzeichnung. Bunte Exemplare manchmal nur mit lateralen braunen Flecken. Nur bei etwa einem Viertel der Individuen sind an den Tergiten keilförmige dunkelbraune Dorsalflecken entwickelt, die hier aber weiter auseinandergerückt sind als bei *hellenica* oder *campbelli.*

Maße in mm (♀): Long. corp.: 53,0 – 75,0; Long. pronoti: 9,3 – 13,6; Long. fem. post.: 36,3 – 48,5; Long. ovipos.: 31,0 – 40,6.

Verbreitung: West-Sibirien, Kaukasus, Nordküste des Schwarzen Meeres, europäische Mittelmeerländer außer Griechenland (vielleicht aber in Griechisch Mazedonien), südliches Mitteleuropa. Eingeschleppt in Michigan, USA (CANTRALL 1972; VICKERY & KEVAN 1983); Vorkommen wahrscheinlich erloschen.

4. Genus **Peringueyella** SAUSSURE

1888 *Peringueyella* SAUSSURE, Ann. Soc. ent. France, Paris, (6) **8** : 129, 150. – Species typica (KIRBY 1906): *Peringueyella jocosa* SAUSSURE.
Literatur: KALTENBACH 1971.

Diagnosis: Mittelgroß bis groß, schlank (stabförmig), im männlichen Geschlecht mikropter, im weiblichen Geschlecht mikropter oder squamipter. Der extrem hypognathe Kopf ist stark verlängert, der Vertex konisch verschmälert. Pronotum zylindrisch, ohne Suprakoxal-Erweiterung, mit beim Männchen schwach, beim Weibchen kaum aufgebogenem Hinterrand. Prosternum unbewehrt oder höchstens mit kurzen Zapfen versehen. Mesosternum mit sehr kleinen, manchmal verkümmerten Dornen, Metasternum mit weit auseinander stehenden, kleinen Dornen bewaffnet. Elytren des Männchens bis auf das Stridulationsfeld und einen kleinen Endlappen verkürzt. Beim Weibchen ebenfalls stark verkürzt bis lappenförmig. Alae als kleine, braune oder rötliche Hautläppchen ausgebildet, die beim Weibchen nur ungefähr halb so lang wie die Elytren sind. Femora und Tibien der ersten beiden Beinpaare mit einer verschieden großen Anzahl zweizeilig angeordneter Ventraldornen besetzt. Zahl der Tibialdornen im Reihendurchschnitt wenigstens 8. An den Hinterbeinen tragen die Femora ventral, die Tibien ventral und dorsal Reihen kleiner Dörnchen. Cerci des Männchens distal konisch verschmälert, nach innen gekrümmt, ohne mediales Polster, mit starkem Apikalzahn. Subgenitalplatte des Weibchens apikal mit rundlichem Ausschnitt und mit abgerundeten oder mehr spitzen Lappen. Ovipositor distal flach gekrümmt und im letzten Viertel dorsal und ventral mit mehreren Reihen kleiner Zähnchen besetzt.

Verbreitung: Südliches Afrika zwischen Zambesi und Oranje-Fluß. In Südwest-Afrika nicht nachgewiesen. – 4 Arten.

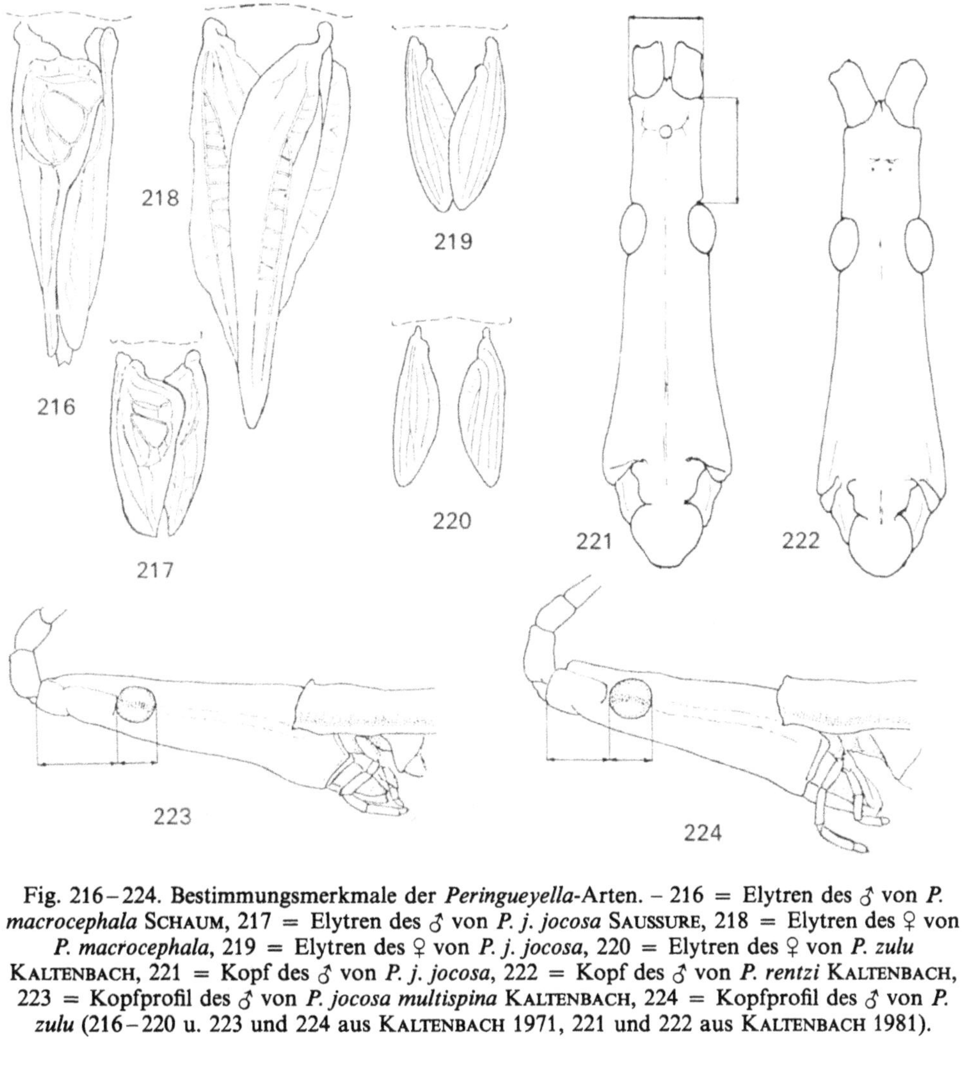

Fig. 216–224. Bestimmungsmerkmale der *Peringueyella*-Arten. – 216 = Elytren des ♂ von *P. macrocephala* SCHAUM, 217 = Elytren des ♂ von *P. j. jocosa* SAUSSURE, 218 = Elytren des ♀ von *P. macrocephala*, 219 = Elytren des ♀ von *P. j. jocosa*, 220 = Elytren des ♀ von *P. zulu* KALTENBACH, 221 = Kopf des ♂ von *P. j. jocosa*, 222 = Kopf des ♂ von *P. rentzi* KALTENBACH, 223 = Kopfprofil des ♂ von *P. jocosa multispina* KALTENBACH, 224 = Kopfprofil des ♂ von *P. zulu* (216–220 u. 223 und 224 aus KALTENBACH 1971, 221 und 222 aus KALTENBACH 1981).

Bestimmungsschlüssel zu den Arten

1 ♂ und ♀ mikropter. Endlappen der Elytren des ♂ länger als der basale Teil einschließlich des Stridulationsfeldes und apikal stark verschmälert (Fig. 216). Elytren des ♀ (Fig. 218) 11,0 bis 13,0 mm lang .... 1. ***P. macrocephala***, S. 75

1′ ♂ mikropter, ♀ squamipter. Endlappen der Elytren des ♂ kürzer als ihr basaler Teil einschließlich des Stridulationsfeldes und apikal breit verrundet (Fig. 217). Elytren des ♀ 4,0 bis 7,0 mm lang **2**

2 ♀: Ovipositor 2,7- bis 3,7mal so lang wie das Pronotum. Die Elytrenspitzen überlappen sich mit den Innenrändern (Fig. 219). – ♂: Frons vor den Augen 1,25- bis 1,5mal so lang wie breit (Fig. 221) und/oder der vor den Augen liegende Teil des Vertex ist 1,6- bis 2,5mal so lang wie der Augendurchmesser (Fig. 223) .... **2. *P. jocosa***, S. 75

2′ ♀: Ovipositor 2,1- bis 2,6mal so lang wie das Pronotum. Die Elytrenspitzen überlappen sich mit den Innenrändern oder sie sind voneinander getrennt. – ♂: Frons vor den Augen kaum oder nur sehr wenig länger als breit (Fig. 10, 222) und/oder der vor den Augen liegende Teil des Vertex ist 1,4- bis 1,6mal so lang wie der Augendurchmesser (Fig. 224) 3

3 ♀ (♂ von ♂ der folgenden Art nicht unterscheidbar): Die Elytrenspitzen überlappen sich mit den Innenrändern . . . . **3. *P. rentzi*,** S. 76

3′ ♀: Die Elytrenspitzen sind voneinander getrennt (Fig. 220) . . . . **4. *P. zulu*,** S. 77

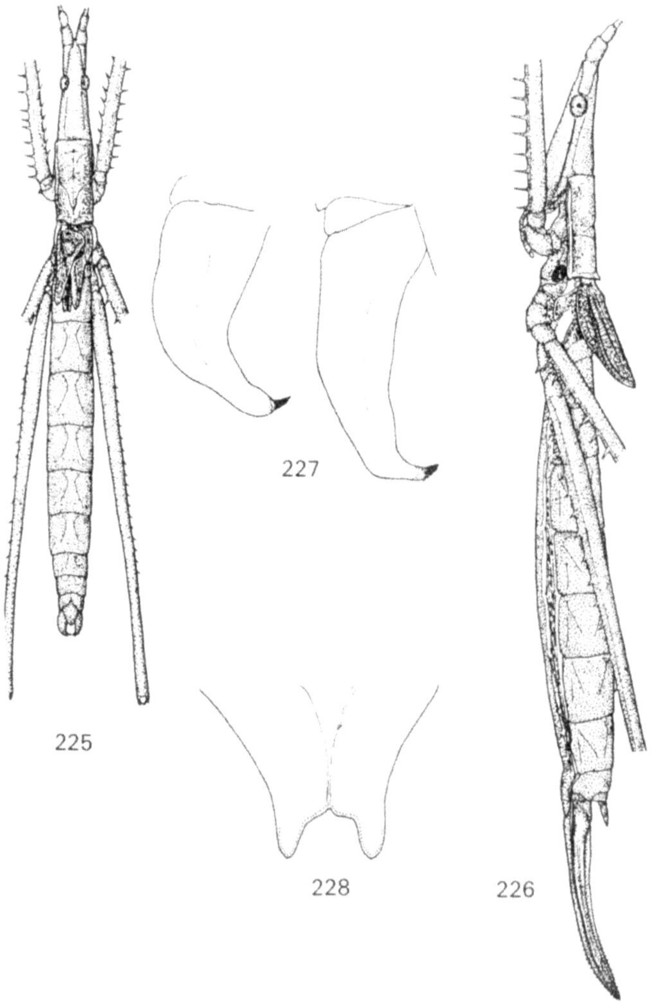

Fig. 225–228. *Peringueyella macrocephala* Schaum. – 225 und 226 = Habitus von ♂ und ♀, 227 = Cerci des ♂, 228 = Subgenitalplatte des ♀ (aus Kaltenbach 1971).

1. **Peringueyella macrocephala** (SCHAUM)

1853 *Saga macrocephala* SCHAUM, Mber. dt. Akad. Wiss. Berlin, : 778 (Lat. Kurzdiagnose).
1862 *Saga macrocephala* SCHAUM, in: PETERS, Naturwiss. Reise nach Mossambique, Zool. **5**. Ins., : 128; Taf. 7, Fig. 13, ♀. – Terra typica: Moçambique (Typus, ♀: Zool. Mus. Berlin).
Literatur: KALTENBACH 1971.

Diagnosis: Mittelgroß bis groß, schlank, in beiden Geschlechtern mikropter. Prosternum mit zwei kurzen Zapfen oder unbewehrt. Elytren des Männchens mit langem, apikal spitzen Endlappen. Beim Weibchen sind die Elytren ebenfalls apikal spitz. Länge der Elytren (beide Geschlechter): 1,1- bis 1,2mal so lang wie das Pronotum. Alae bei Männchen und Weibchen stark reduziert, aber unter den Elytren sichtbar. Zahl der Dornen an den ersten beiden Beinpaaren sehr variabel. Reihendurchschnitt am Femur 8,1 bis 10,6, an der Tibia 6,3 bis 8,6 Dornen. Cerci des Männchens wie in der Gattungsdiagnose angegeben. Subgenitalplatte des Weibchens apikal mäßig tief ausgeschnitten, mit abgerundeten Lappen. Ovipositor verhältnismäßig kurz (wenig mehr als doppelt so lang wie das Pronotum).

Einfärbig grün oder braun, ohne dunkle Zeichnung. Unterrand der Paranota und Pleuren aufgehellt. Elytren von Körperfarbe, Alae proximal geschwärzt.

Maße in mm: Long. corp.: ♂ 60,0–61,0, ♀ 76,0–80,0; Long. pronoti: ♂ 8,1–8,5, ♀ 10,0–11,6; Long. elytr.: ♂ 9,5–10,0, ♀ 11,5–12,2; Long. fem. post.: ♂ 43,6–44,6, ♀ 45,0–53,0; Long. ovipos.: 20,6–25,0.

Verbreitung: Zimbabwe, Moçambique. Botswana?

2. **Peringueyella jocosa** SAUSSURE

2a. Peringueyella jocosa jocosa SAUSSURE

1888 *Peringueyella jocosa* SAUSSURE, Ann. Soc. ent. France, Paris, (6) **8** : 152; Taf. 5, Fig. 1, 2, ♂♀. – Terra typica restricta: Delagoa Bay (Syntypen, ♂♀: Mus. Hist. nat., Genève).
Literatur: KALTENBACH 1971.

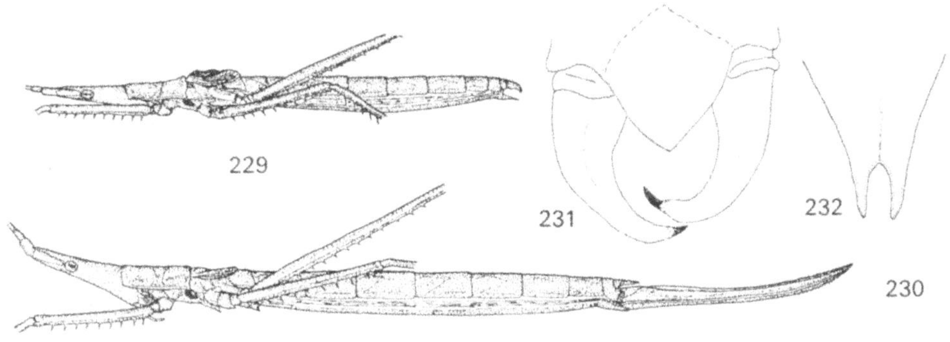

Fig. 229–232. *Peringueyella jocosa jocosa* SAUSSURE. – 229 und 230 = Habitus von ♂ und ♀, 231 = Cerci des ♂, 232 = Subgenitalplatte des ♀ (aus KALTENBACH 1971).

Diagnosis: Mittelgroß bis groß, sehr schlank, Männchen mikropter, Weibchen squamipter. Prosternum unbewehrt. Elytren des Männchens 0,7- bis 1,0mal so lang wie das Pronotum, mit abgerundetem Endlappen. Elytren des Weibchens lappenförmig, sich distal überdeckend und etwas kürzer als das Pronotum. Zahl der Dornen der ersten beiden Beinpaare im Reihendurchschnitt: Femur: 8,2 bis 10,0, Tibia: 6,9 bis 8,5. Cerci des Männchens wie bei *macrocephala*, aber etwas schlanker und mit kleinerem Köpfchen. Subgenitalplatte des Weibchens apikal rundlich ausgeschnitten, mit spitzen Lappen. Ovipositor 2,7- bis 3,7mal so lang wie das Pronotum.

Die Färbung stimmt mit *macrocephala* überein. Pronotum-Seitenrand selten dorsal rosa oder bräunlich gesäumt.

Maße in mm: Long. corp.: ♂ 52,5–65,0, ♀ 59,0–73,0; Long. pronoti: ♂ 6,6–8,2, ♀7,5–9,4; Long. elytr.: ♂ 5,2–7,0, ♀ 4,6–6,7; Long. fem. post: ♂ 34,0–41,6, ♀ 36,4–47,6; Long. ovipos.: 23,5–31,2.

Verbreitung: Südöstliches Afrika von Zimbabwe über Transvaal und Moçambique bis Natal.

2b. Peringueyella jocosa multispina KALTENBACH

1971 *Peringueyella jocosa multispina* KALTENBACH, Beitr. Ent., Berlin, **21** : 458; Fig. 87, 93, 98, 144, ♂♀. – Terra typica: Louis Trichardt, Transvaal (Typus, ♂: South African Mus., Cape Town).

Diagnosis: Habituell vollständig mit der Nominatrasse übereinstimmend. Die Subspecies *multispina* ist durch die Zahl der ventralen Dornen an den Tibien der ersten beiden Beinpaare zu unterscheiden. Dornenzahl im Reihendurchschnitt: Femur: 7,9 bis 11,3, Tibia: 8,4 bis 10,2. Cerci des Männchens und Subgenitalplatte des Weibchens wie bei *jocosa jocosa*. Ovipositor 2,7- bis 3,2mal so lang wie das Pronotum.

Pronotum-Seitenrand oft dorsal mit rosafarbenem oder braunem Saum. Elytren des Weibchens manchmal rosa, Alae des Männchens rötlich gefärbt.

Maße in mm: Long. corp.: ♂ 50,2–66,0, ♀ 61,0–67,0; Long. pronoti: ♂ 6,2–7,8, ♀ 7,5–9,0; Long. elytr.: ♂ 5,0–6,6, ♀ 4,8–6,0; Long. fem. post.: ♂ 30,5–44,0, ♀ 36,0–44,0, Long. ovipos.: 21,8–26,0.

Verbreitung: Im Westen und Süden an das Verbreitungsgebiet von *jocosa jocosa* anschließend von Transvaal bis Natal und auch in der Kalahari.

3. **Peringueyella rentzi** KALTENBACH

1981 *Peringueyella rentzi* KALTENBACH, S.ber. Akad. Wiss. Wien, math.-naturwiss. Kl. (I), **190** : 190; Fig. 9, ♂♀. – Terra typica: Umgeb. Strijdom Tunnel, Transvaal (Typus, ♀: Plant Prot. Res. Inst., Pretoria).

Diagnosis: Sehr ähnlich *jocosa*, in beiden Geschlechtern etwas weniger schlank. Der über den Augen liegende Teil der Frons ist kaum oder nur wenig länger als breit (Frontalansicht), während er bei *jocosa* 1,25- bis 1,5mal so lang wie breit ist. Auffällig ist der relativ kürzere Ovipositor. Bei *rentzi* ist er 2,1- bis 2,6mal, bei *jocosa* 2,7- bis 3,7mal so lang wie das Pronotum. Zahl der ventralen Dornen an den ersten beiden Beinpaaren im Reihendurchschnitt: Femur: 7,8 bis 9,3, Tibia: 6,9 bis 7,1.

Maße in mm: Long. corp.: ♂ 59,0–65,0, ♀ 64,0–76,0; Long. pronoti: ♂7,6–8,0, ♀ 8,2–9,6; Long. elytr.: ♂ 6,4–6,5, ♀ 5,0–6,5; Long. fem. post.: ♂ 41,0–42,5, ♀ 41,2–45,6; Long. ovipos.: 20,0–23,8.

Verbreitung: Transvaal.

4. Peringueyella zulu Kaltenbach

1971 *Peringueyella zulu* Kaltenbach, Beitr. Ent., Berlin, **21** : 427, 458; Fig. 5, 86, 88, 136, 144, ♂♀. – Terra typica: „Lr. Umfolosi Dist., Zululand" (Typus, ♀: Brit. Mus. nat. Hist., London).

Diagnosis: Mittelgroß, schlank, Männchen mikropter, Weibchen squamipter. Prosternum unbewehrt. Elytren des Männchens kaum kürzer als das Pronotum, mit abgerundetem Endlappen. Elytren des Weibchens lappenförmig, sich apikal nicht überdeckend. Zahl der Dornen an den ersten beiden Beinpaaren im Reihendurchschnitt: Femur: 10,5 bis 11,0, Tibia: 8,5 bis 10,2. Cerci des Männchens und Form der Lappen der weiblichen Subgenitalplatte wie bei *jocosa*. Ovipositor verhältnismäßig kurz (2,4- bis 2,6mal so lang wie das Pronotum). – Färbung mit *jocosa* übereinstimmend.

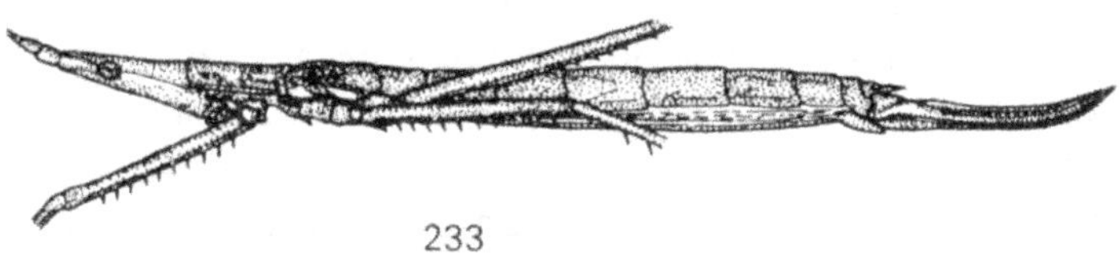

233

Fig. 233. *Peringueyella zulu* Kaltenbach, Habitus des ♀ (aus Kaltenbach 1971).

Zur oft schwierigen Unterscheidung der Männchen von *jocosa* und *zulu* kann noch berücksichtigt werden, daß die Zahl der Femoral- und Tibialdornen an den ersten beiden Beinpaaren im Reihendurchschnitt bei der Nominatrasse von *jocosa* geringer ist.

Maße in mm: Long. corp.: ♂ 53,0–54,0, ♀ 55,0–60,0; Long. pronoti: ♂ 6,6–7,0, ♀ 7,2–8,2; Long. elytr.: ♂ 5,6–6,0, ♀ 4,0–4,2; Long. fem. post.: ♂ 35,6–36,0, ♀ 31,5–39,4; Long. ovipos.: 17,5–21,5.

Verbreitung: Zululand.

Incertae sedis

1. **Saga quadrisignata** PHILIPPI

1863 *Saga quadrisignata* PHILIPPI, Z. ges. Naturwiss., Berlin, **21** : 235, ♀. – Terra typica: unbekannt (Typus, ♀: Mus. nacion., Santiago, Chile).

Nach der sehr ausführlichen Beschreibung von PHILIPPI besteht kein Zweifel, daß seine Art tatsächlich zu *Saga* gehört. Dieses Tier stammt aus dem Nachlaß des Herrn Ph. GERMAIN und war, wie PHILIPPI mitteilt, „nach der Sitte desselben nicht mit Angabe des Fundortes“ versehen. In Südamerika hat GERMAIN das Exemplar sicher nicht gefangen. Vermutlich gelangte es durch Vermittlung eines Händlers in den Besitz des Sammlers. Sehr wahrscheinlich handelt es sich um *Saga pedo*. Dafür sprechen die in der Beschreibung angegebenen Merkmale, besonders das Tergitzeichnungsmuster.

2. **Saga savignyi** SAUSSURE

1888 *Saga Savignyi* SAUSSURE, Ann. Soc. ent. France, Paris, (6) **8** : 132, ♀. – Terra typica: unbekannt (Typus, ♀: verschollen).

SAUSSURE erwähnt diese Art nur in der Bestimmungstabelle, ohne im Text näher auf sie einzugehen und ohne den Fundort anzugeben. Die Einordnung erfolgt nach der Zahl der Tibialdornen und nach der auch beim Männchen nur schwachen Aufbiegung des Pronotum-Hinterrandes. Von der in der gleichen Arbeit beschriebenen *Saga lucasi* unterscheidet sie sich nur in der Körpergröße, einem sicher unwesentlichen Merkmal, wenn man berücksichtigt, daß SAUSSURE von *savignyi* nur ein Weibchen, von *lucasi* nur ein Männchen vorlagen. Beiden Arten gemeinsam sind die weißen Seitenbinden am Abdomen. *Saga savignyi* ist höchstwahrscheinlich mit *ornata* identisch, einer Art, die auch SAUSSURE nur von der Abbildung im Werk SAVIGNYS und der Beschreibung BURMEISTERS kannte. Da er mit BURMEISTER Ägypten als Herkunftsland von *ornata* ansah, schloß er eine Identität seiner beiden Arten mit *ornata* aus.

3. **Saga uvarovi** RAMME

1951 *Saga uvarovi* RAMME, Mitt. zool. Mus. Berlin, **27**: 190; Fig. 36, 37, 41, ♂. – Terra typica: Menara, Galiläa (Typus, ♂: verschollen).

Die von RAMME angegebenen Unterschiede gegenüber *Saga ephippigera* liegen im Rahmen der Variationsbreite der zuletzt genannten Art. Ob der abweichenden Chromosomenzahl artspezifische Bedeutung zukommt, ist nicht bekannt (*uvarovi*: $2n = 31$, *ephippigera*: $2n = 33$). Bei einer Mantide, *Ameles heldreichi* BRUNNER VON WATTENWYL, ist das Auftreten von drei verschiedenen Karyotypen nachgewiesen, die sich nur in der Chromosomenzahl unterscheiden, aber geographisch nicht als Lokalrassen abgegrenzt sind.

4. **Emptera indica** (HERBST)

1786 *Locusta indica* HERBST, in: FUESSLY, Arch. Ins.-Gesch., **7/8** : 193, Taf. 53, Fig. 2, ♀. – Terra typica: Indien (Typus, ♀: verschollen).
1839 *Saga indica*-BURMEISTER, Handb. Ent., Jena, **2** : 714.
1888 *Emptera indica*-SAUSSURE, Ann. Soc. ent. France, Paris, (6) **8** : 148.
Literatur: KALTENBACH 1971.

Ein Weibchen von *Clonia tessellata* im Zool. Mus. Berlin war als fraglicher Typus von *Emptera indica* bezeichnet. Es unterscheidet sich in wesentlichen Punkten von der Beschreibung und Abbildung HERBSTS. ZEUNER erwähnt in seinen „Fossil Orthoptera Ensifera" (1939) ein Männchen von *Emptera indica* aus Australien (Textband, p. 276) und bildet dessen Elytren ab (Plates, Taf. 43, Fig. 4 und 5). Dieses Exemplar wird im Brit. Mus. Nat. Hist. aufbewahrt und gehört eindeutig zu *Terpandrus*. Von *Emptera* weicht es schon durch die nicht geschwärzten Alae ab. Wenn auch, wie bei *Clonia melanoptera* und *Saga ornata*, der angegebene Fundort nicht richtig sein muß, so sind doch alle in Frage kommenden Deutungen (etwa als makroptere Form einer mikropteren *Clonia*-Art, als eine noch unbekannte holoptere *Clonia*-Art oder eine bisher nicht beschriebene Gattung) mit großen Unsicherheitsfaktoren behaftet. Die Identifizierung von *Emptera indica* mit einer bekannten Art der Saginae ist nicht möglich und ihre Einordnung als selbständige Spezies läßt sich nicht korrekt begründen.

Literaturverzeichnis

ADAMOVIĆ, Ž. R. (1964): Orthopteroides collected in Dubrovnik district, Jugoslavija. – Bull. Mus. Hist. nat. Belgrade, (B) **19** : 155–188 (172).

ADELUNG, N. (1906): Insecta orthoptera, a dom. P. ŠUŠKIN in regione Turgaica (Siberia occidentali-meridionali) anno 1898 lecta. In: Materialien zur Kenntnis der Fauna und Flora des Russischen Reiches. Moskva, Lief. **7** : 1–11 (9–10) (russ.).

– (1907): Beitrag zur Kenntnis der Orthopterenfauna Transkaukasiens. – Horae Soc. Ent. ross., St. Petersburg, **38** : 32–81 (72).

AIRES, B. & MENANO, H. P. (1916): Catálogo sinóptico dos Orthópteros de Portugal, Coimbra: 1–58 (47, 50) (portug.).

AKERMAN, C. (1932): On the Carnivorous Habits of the Long-Horned Grasshopper, *Clonia vittata* THUNBERG. – Ann. Natal Mus., London, **7** : 143–144.

ANDER, K. (1957): Zwei neue Saginen (Orth., Tettigoniidae). – Ent. Tidskr., Stockholm, **78**/1 : 1–5; Fig. 1–5.

AZAM, J. (1899): Notes Orthopterologiques. Sur quelques Orthoptères du Departement du Var. – Bull. Soc. Etud. scient. archaeol. Draguignan **1899** : 1–18 (Sep.).

– & FINOT, A. (1888): Catalogue des Insectes orthoptères observés jusqu'à ce jour dans les Departements du Var & des Alpes Maritimes. Draguignan **1888** : 1–29 (27).

BAZYLUK, W. (1956): Orthoptera (Saltatoria). In: Keys for the Identification of Polish Insects. XI. – Polski zwiazek Ent., Lvow, Warszawa, **17** : 1–166 (33, 71) (poln.).

BEIER, M. (1933): Orthopteroidea. In: SCHULZE, P.: Biologie der Tiere Deutschlands, **26** : 292–415.

– (1955): Saltatoptera. In: H. G. BRONNS Klassen und Ordnungen des Tierreichs, 5/III/6 : 31–304 (55, 116–120, 124–135, 171–176, 183–185).

– (1972): Saltatoria (Grillen und Heuschrecken). In: Handb. Zool., Berlin, **4** (2) 2/9 : 1–217 (14, 16, 49, 152, 153).

BÉRENGUIER, P. (1905): La Magicienne dentelée „*Saga serrata*". – Bull. Soc. Sci. nat. Nîmes, **33** : 145–152.

BERLAND, L. & CHOPARD, L. (1922): Travaux scientifique de l'armée d'Orient (1916–1918). Orthoptères. – Bull. Mus. nation. Hist. nat., Paris, **28** : 166–172.

BEY-BIENKO, G. J. (1929): Beiträge zur Kenntnis der Verbreitung der Orthopteren im Asiatischen Rußland. – Zool. Anz., Leipzig, **81** : 65–72.

– (1930): Studies on the Tettigoniidae of the North Caucasian Region and Adjacent Localities. – Caucas. Plant Prot. Sta., **5** : 49–64 (54).

– (1964): 13. Ord. Orthoptera (Saltatoria). In: Bestimmungswerk für Insekten des europäischen Teiles der SSSR. – Zool. Inst., Akad. Nauk. SSSR, Moskva, Leningrad, **1** : 205–284 (213, 224–225) (russ.).

BLANCHARD, E. (1840): Hist. nat. Ins., Paris, **3** : 1–673 (29).

BODENHEIMER; F. S. (1930): Die Schädlingsfauna Palästinas. Berlin: 1–438 (65).

– (1935): Animal Life in Palestine. Jerusalem: 1–507 (316).

– (1935): Ökologisch-zoogeographische Untersuchungen über die Orthopterenfauna Palästinas. – Arch. Naturgesch., Berlin, **4** (B)–1: 88–142 (89, 108, 113, 117); 2 : 145–216 (165–166).

BOLDYREV, B. Th. (1915): Contributions à l'étude de la structure des spermatophores et des particularités de la copulation chez Locustodea et Gryllodea. – Horae Soc. Ent. ross., Petrograd, **41**/6 : 1–245 (127–141; Fig. 21–23) (russ.).

BOLÍVAR, I. (1893): Liste des Orthoptères recueillis en Syrie par le Dr. Theod. BARROIS. – Rev. Biol. Nord de la France, Lille, **5** : 476–489 (488).
– (1898): Catalogo sinóptico de los Ortópteros de la Fauna Iberica. – Ann. Sci. nat., Porto, **5** : 1–168 (127, 132–133) (span.).
– (1899): Orthoptères du Voyage de M. Martinez ESCALERA dans l'Asie Mineure. – Ann. Soc. Ent. Belge, Bruxelles, **43** : 583–607 (604).
BRANCSIK, C. (1897): Series Orthopterorum novorum. – Jh. naturwiss. Ver. Trencséner Com., **19–20**: 52–87 (82–84; Taf. 3, Fig. 22a–d).
BRULLÉ, A. (1832): Orthoptères. In: Expédition scientifique de Morée, Paris – Straßbourg, **3**/1 : 81–97 (87–88).
– (1835): Hist. nat. Ins., Paris, **9** : 1–230 (158–159).
BRUNNER VON WATTENWYL, C. (1882): Prodromus der europäischen Orthopteren. Leipzig: 1–466 (406–410; Taf. 10, Fig. 93A u. B).
– (1893): Révision du Système des Orthoptères. – Ann. Mus. civ. Stor. nat., Genova, **33** : 3–230 (183).
BUCCHICH, G. (1885): Gli ortotteri di Lesina e Curzola, con alcune notizie biologiche che li risguardano. – Verh. zool.-bot. Ges. Wien, **35** : 377–382.
BUREŠ, I. & PEŠEV, G. (1958): Artbestand und Verbreitung der Geradflügler (Orthopteroidea) in Bulgarien unter Berücksichtigung der schädlichen Arten. III. Teil – Tettigonioidea. – Izvest. zool. Inst. Sofia, **7** : 3–90 (68–71) (bulgar.).
BURMEISTER, H. (1839): Handb. Ent., Berlin, **2** : 1–1050 (716–717).
BURR, M. (1910): A synopsis of the Orthoptera of Western Europe. London: 1–160 (80, 133–134).
– (1913): Notes on Orthoptera of the Caucasus. Mitt. Kaukas. Mus., St. Petersburg, **7**: 169–184 (182) (russ.).
– (1928): Field Notes from Angola XI. – Ent. Rec., London, (n.S.) **40** : 169–173 (172).
– (1929): Field Notes from Angola XIV. – Ent. Rec., London, (n. S.) **41** : 13–16 (14), 141–143 (142).
–, CAMPBELL, B.P. & UVAROV, B.P. (1923): A Contribution to our Knowledge of the Orthoptera of Macedonia. – Trans. Ent. Soc. London, **1923** : 110–169 (120–123, 134–136, 150–151).
BUXTON, P.A. & UVAROV, B.P. (1924): A contribution to our knowledge of Orthoptera of Palestine. – Bull. Soc. r. Ent. Égypte, Cairo, **6** (1923) : 167–214 (178–180).
CANTRALL, I.J. (1972): *Saga pedo* (PALLAS) (Tettigoniidae: Saginae), an Old World Katydid, new to Michigan.– The Great Lakes Entomologist, **5**/3: 103–106; Fig. 1.
CAUDELL, A.N. (1916): Saginae. In: WYTSMAN, P., Gen. Ins., Bruxelles, **167** : 1–10; Taf. 1, Fig. 1–6, Taf. 2, Fig. 1–4.
CHARPENTIER, T. (1825): Horae Entomologicae, adjectis tabulis novem coloratis Wratislaviae: 1–261 (95–96).
– (1841). Einige Bemerkungen die Orthopteren betreffend, insbesonders in Bezug auf BURMEISTERS und SERVILLES Schriften über diese Insektenabteilung. – Z. Ent. (GERMAR), Leipzig, **3** : 283–321 (318, 319).
CHOPARD, L. (1935): Contributions à l'étude de la faune du Mozambique. Voyage de M.P. LESNE (1928–1929). – Mem. Estud. Mus. Zool. Univ. Coimbra, (I) No. 85 : 1–32 (10).
– (1937): Les Sagiens. In: Encyclopèdie Française, **5**, (2) : 5/76 – 3.
– (1946): Quelques notes sur les meurs de la *Saga* (Orth. Tettigoniidae). – Bull. Soc. Ent. France, Paris, **51** : 126–128; Fig. 1.
– (1951): Orthopteroides. In: Faune de France, Paris, **56** : 1–359 (156–157; Fig. 290 bis).
– (1955): Orthoptera Ensifera. In: HANSTRÖM, B., BRINCK, P. & RUDEBECK, G.: South African Animal Life. Results of the Lund University Expedition in 1950–1951. Stockholm, **2** : 266–301 (277).
– & KEVAN, K. MC E. (1954): Orthoptera-Ensifera from Northern Kenya and Jubaland. – Trans. r. Ent. Soc. London, **105** : 315–353 (339).
COSTA, G. (1874): Faun salentina. Lecce. **2** (Animali invertebr.) : 153–624 (482–483).
COSTA, O. (1836–1857): Fauna del Regno di Napoli. Ortotteri/Locust., Napoli: 1–24 (7–8; Taf. 12, Fig. 1).
DISTANT, W.L. (1892): A Naturalist in the Transvaal. London : 1–277 (65, 83–84; Fig. : 63, : 83).
DMITRIEV, G.V. (1935): Beitrag zur Insektenfauna der Zhiguli-Berge. – Rev. Ent. URSS, Leningrad, Moskva, **25** : 254–264 (254) (russ.).
DOFLEIN, F. (1921): Mazedonien. Jena: 1–592 (508).

DRENOVSKI, Al. (1929): Première Contribution à l'Étude des Sauterelles (Orthoptera) en Bulgarie. – Spis. bulgar. Akad. Nauk., Sofia, **41** : 167–176 (175) (bulgar.).

DUBRONY, A. (1878): Liste des Orthoptères recueillis jusqu'ici en Ligurie. – Ann. Mus. civ. Stor. nat., Genova, **12** : 5–25 (22).

EBNER, R. (1910): Ein Beitrag zur Orthopterenfauna der europäischen Türkei. – Zool. Jb., Jena, (Syst.) **29** : 401–414 (412).

– (1910): Die Orthopterenfauna von Guntramsdorf in Niederösterreich. – Mitt. nat. Ver. Univ. Wien, **8** : 129–153, 162–167 (143–144).

– (1912): Orthoptera I. Mantoidea und Tettigonioidea (= Locustodea). In: Wiss. Ergebn. Exped. Mesopotamien, 1910. – Ann. naturhist. Hofmus., Wien, **26** : 441–448.

– (1912): Zur Kenntnis der Orthopterenfauna von Griechenland. – Verh. zool.-bot. Ges. Wien, **62** : 108–113.

– (1919): Orthopteren aus Kleinasien. In: Ergebn. zool. Forschungsreise Franz TÖLG nach Kleinasien (Amanus-Gebirge), VI. – Arch. Naturgesch., Berlin, **85** (A)/8 : 148–176 (160).

– (1951): Kritisches Verzeichnis der orthopteroiden Insekten von Österreich. – Verh. zool.-bot. Ges. Wien, **92** : 143–165 (145, 152).

– (1953): Saltatoria, Dermaptera, Blattodea, Mantodea. In: Cat. Faunae Austriae, Teil XIII a: 1–18 (4).

EVERSMANN, E. (1859: Orthoptera Volgo-Uralensia. – Bull. Soc. imp. Naturalistes, Moscou, **32** : 121–146 (129).

FABRICIUS, J. Ch. (1793): Entomologia systematica, Hafniae, **2** : 1–519 (43).

FIEBER, F. X. (1853): Synopsis der europäischen Orthopteren. – Lotos, Prag, **3** : 168–176 (171).

– (1854): Ergänzungsblätter zur Synopse der europäischen Orthopteren. – Lotos, Prag, **4** : 220–225.

FINOT, A. (1884): Nouveau Catalogue des Orthoptéres de la France. – Rev. Ent., Caen, **3** : 21–39 (37).

FISCHER, H. L. (1853): Orthoptera Europaea. Lipsiae: 1–454 (241–244; Taf. 14, Fig. 8, 8a, b, Fig. 9, 9a–f).

FISCHER DE WALDHEIM, G. (1830): Notice sur le *Tettigopsis*, nouveau genre d'Orthoptères de la Russie. Moscou : 9–16; Taf.

– (1833): Conspectus orthopterorum Rossicum. – Bull. Soc. imp. Naturalistes, Moscou, **6** : 341 - 390 (373 - 374).

– (1846): Entomographie de la Russie IV. Orthoptères. Moscou: 1–413 (181–188, 412; Taf. 5, 6, 30, 37, Fig. 3, 9 u. 10).

FREY-GESSNER, E. (1908): *Saga serrata* FABR. (Orthopt.). – Mitt. Schweiz. Ent. Ges., Bern, **11** : 274–275.

FRIVALDSKY, J. (1867): Monographia Orthopterorum Hungariae. Pest: 1–201 (84, 108–110).

FRUHSTORFER, H. (1921): Die Orthopteren der Schweiz. – Arch. Naturgesch., Berlin, **87** (A)/5: 1–262 (11, 59, 62, 234–235).

GIGLIO-TOS, E. (1893): Viaggio del Dr. E. FESTA in Palestina, nel Libano e regioni vicini. V. Ortotteri. – Boll. Mus. Zool. Anat. comp. Univ. Torino, **8** No. 164 : 1–18 (17).

GINTER, O. (1923): *Saga serrata* F. na Morave. – Sborn. Přir. Spol. Mor. Ostrave, **2** : 93–97 (tschech.).

GÖTZ, W. (1965): Orthoptera, Geradflügler. In: BROHMER, P. – EHRMANN, P. – ULMER, G., Tierwelt Mitteleuropas, Leipzig, **4** (Neubearb.), 2/VI: 1–71 (17; Taf. 2, Fig. 12).

GRIFFINI, A. (1897): Intorno ad alcuni Ortotteri raccolti dal Rev. L. JALLA a Kazungula (Alto Zambesi). – Boll. Mus. Zool. Anat. Comp. Univ. Torino, **12** No. 290 : 1–12 (2–3).

– (1909): Note sopra alcune Phasgonouridae del Congo. – Ann. Soc. Ent. Belge, Bruxelles, **53** : 9–28 (22).

GÜNTHER, K. & ZEUNER, F. (1930): Beiträge zur Orthopterenfauna von Ungarn. – Konowia, Wien, **9** : 193–208 (198, 205).

DE HAAN, W. (1842): Bijdragen tot de Kennis der Orthoptera. In: Verh. nederlandsche Overz. Bezitt./Insecta: 45–238 (209).

HARZ, K. (1957): Die Geradflügler Mitteleuropas. Jena: 1–494 (231–233; Fig. 128a–d).

HEBARD, M. (1922): Studies in Malayan, Melanesian and Australian Tettigoniidae (Orthoptera). – Proc. Acad. nat. Sci. Philadelphia, **74** : 121–299 (272–275; Taf. 21, Fig. 6–8, Taf. 22, Fig. 2–4).

HERBST, J. F. (1786): Fortsetzung des Verzeichnisses meiner Insekten-Sammlung. – Zweite Klasse. In: FUESSLY, Arch. Ins.-Gesch., Zürich, **7/8** : 183–196 (193; Taf. 53, Fig. 2).

HERMAN, C. O. (1871): Die Dermapteren und Orthopteren Siebenbürgens. – Verh. Mitt. siebenbürg. Ver. Naturwiss., Hermannstadt, **21** : 30–43 (38).

HERRICH-SCHÄFFER, G. (1840): Nomencl. Ent. **2** (Verz. europ. Ins./Orth.): 1–31 (15, 27).

HOLDHAUS, K. (1909): Orthoptera. In: VELITCHKOVSKY, V., Faune du District de Walouyki du Gouvernement de Woronège (Russie). Berlin. **5** : 7–16 (15).

IVANOV, P. (1888): Orthoptera der Umgebung von Kupjansk. In: Materiaux pour servir a l'entomologie du gouvernement de Kharkow. – Trav. Soc. nat. Univ. imp. Kharkow, **21** : 295–362 (301, 314) (russ.).

JACOBSON, G. G. & BIANCHI, W. L. (1905): Die Orthopteren und Pseudoneuropteren des Russischen Reiches und der angrenzenden Länder. St. Petersburg: 1–952 (338–339, 387–390; Taf. 9) (russ.).

JANNONE, G. (1936): Nuovi Contributi alla Conoscenza della Fauna delle Isole Italiane dell'Egeo. V. Studio bio-ecologico e sistematico dell'Ortotterofauna con notizie sui Blattoidei, Mantoidei e Fasmoidei. – Boll. Lab. Zool. Gen. e agr. r. Ist. sup. Agr. Portici, **29** : 47–242 (81, 104, 106, 112, 141–143, 228; Taf. 1, Fig. 14).

– (1940): Nuovi Contributi alla Conoscenza usw. XIV. Ulteriori notizie bio-ecologiche e sistematiche sull'Ortotterofauna in relazione a materiale raccolto in Rodi e Stampalia nel 1938. – Boll. r. Lab. Ent. agr. Portici, **3** (1939) : 325–343 (336).

JAUS, I. (1934): Ein Beitrag zur Biologie von *Saga serrata* F. – Konowia, Wien, **13**: 171–177; Fig. 1–5.

– (1935): Faunistisch-ökologische Studien im Anningergebiet, mit besonderer Berücksichtigung der xerothermen Formen. – Zool. Jb., Jena, (Syst.) **66** : 291–362 (356, 357–359; Fig. 41).

KALTENBACH, A. (1964): Zur Systematik und Verbreitung der Raubheuschrecken (Tettigoniidae – Saginae), insbesondere der europäischen Arten der Gattung *Saga* CHARPENTIER. – Z. Arbeitsgem. österr. Ent., Wien, **16** : 68–82; Fig. 1–8.

– (1965): Dictyoptera und Orthopteroidea von Nordost-Griechenland und der Insel Thasos. – Ann. naturhist. Mus. Wien, **68** : 465–484 (472–473, 484).

– (1967a): Unterlagen für eine Monographie der Saginae I. Superrevision der Gattung *Saga* CHARPENTIER (Saltatoria: Tettigoniidae). – Beitr. Ent., Berlin, **17** : 3–107; Fig. 1–175, Taf. 1–4.

– (1967b): Mantodea und Saltatoria aus Griechenland. – Ann. naturhist. Mus. Wien, **70** : 183–199 (191–192).

– (1969): Unterfamilie/Subfamilia Saginae. In: HARZ, K., Die Orthopteren Europas. The Hague. – **1**: 478–490; Fig. 1572–1596.

– (1970): Unterlagen für eine Monographie der Saginae II. Beiträge zur Autökologie der Gattung *Saga* CHARPENTIER (Saltatoria: Tettigoniidae). – Zool. Beitr., Berlin, (n. F.) **16** : 155–245; Fig. 1–26, Taf. 1–11.

– (1971): Unterlagen für eine Monographie der Saginae III. Die Saginae der äthiopischen Region (Saltatoria: Tettigoniidae). – Beitr. Ent., Berlin, **21** : 403–476; Fig. 1–144, Taf. 1–4.

– (1972): An illustrated key for identifying African Saginae (Saltatoria: Tettigoniidae). – Ann. Natal Mus., Pietermaritzburg, **21** (2) : 281 –295; Fig. 1–74.

– (1981): Neue und wenig bekannte Saginae aus Südafrika (Saltatoria – Tettigoniidae). – S.ber. Akad. Wiss. Wien, math.-naturw. Kl., (I) **190** : 187–192; Fig. 1–9.

KARABAĞ, T. (1949): Ökologische und systematische Untersuchungen über die Orthopteren von Ankara. – Ankara Univ. Ziraat Fakült. Yayin, **4** : 1–121 (29, 32, 52, 87, 107; Fig. 7c).

– (1958): The Orthoptera Fauna of Turkey. A synonymic and distributional Catalogue of Turkish Orthoptera. Istanbul. Ankara Univ. Fen Fakült. Yayin, **81** (Zool. 4) : 1–198 (79–82).

– (1964): Some new species and new records of Tettigoniidae (Orthoptera) from Turkey. – Comm. Fac. Sci. Univ. Ankara, (C) **13** : 36–55 (54).

KARNY, H. (1907): Die Orthopterenfauna des Küstengebietes von Österreich-Ungarn. – Berlin. Ent. Z., **52** : 17–52 (25).

– (1910): Orthoptera (s. str.). In: SCHULTZE, L., Zool. u. anthropol. Ergebn. Forschungsreise in Südafrika. 4/1 (G). – Denkschr. med.-nat. Ges. Jena, **16** : 35–90 (48–49).

– (1912): Über die Reduktion der Flugorgane bei den Orthopteren. Ein Beitrag zu DOLLO's Irreversibilitätsgesetz. – Zool. Jb., Jena, (allgem. Zool., Physiol.) **33** : 27–40 (30–31; Taf. 2, Fig. 6 u. 7).

KEMPNÝ, L. (1953): Nález *Saga pedo* (PALL.) (Sagidae, Orthoptera) na jizním Slovensku (Zobor u Nitry). – Act. rer. nat. distr. Ostrav. Opava, **14** : 529–534 (tschech.).

KEVAN, D. K. Mc E. & KNIPPER, H. (1961): Geradflügler aus Ostafrika (Orthopteroidea, Dermapteroidea und Blattopteroidea). – Beitr. Ent., Berlin, **11** : 356–413 (367).

KIRBY, W. F. (1900): Notes on the Collection of African Phasgonuridae formed by Mr. W. L. DISTANT in the Transvaal & c.; with Descriptions of Two new Species. – Ann. Mag. nat. Hist., London, (7) **6** : 211–217.

– (1906): A Synonymic Catalogue of Orthoptera. London. Orthoptera saltatoria. **2** (1) : 1–562 (223–228).

KIS, B. (1962): *Saga italica gracilis* eine neue Unterart aus Rumänien (Orthoptera, Tettigoniidae). Ann. hist.-nat. Mus. nation. hung. (Zool.), Budapest, **54** : 255–258; Fig. 1–6.

– (1963): Les Orthoptères de Dobroudja. – Stud. Univ. Babes-Bolyai, Cluj, (Biol) **2** : 88–103 (89, 93, 99, 101) (rumän., frz. Zs.).

– (1967): Ord. Orthoptera. In: SCOBIOLA-PALADE, X. & POPESCU-GORJ, A., L'entomofaune des Forêts du sud de la Dobroudja. – Trav. Mus. Hist. nat. Grigore Antipa, Bucareşti, **7** : 107–113 (108).

– (1970): Kritisches Verzeichnis der Orthopteren-Arten Rumäniens. – Trav. Mus. Hist. nat. „Grigore Antipa", Bucureşti, **10** : 207–227 (212).

– (1976): Bestimmungsschlüssel für die Orthopteren Rumäniens. I. Teil: Ensifera (Langfühlerschrekken). – Studii Si comunicari Muzeul Brukenthal, Sibiu, St. nat. **20** : 123–166 (141–142; Fig. 15 A–F).

KITTARY, M. (1849): Orthoptères observés dans les steppes des Kirguises par MM. le Professeur P. WAGNER et le Docteur KITTARY, en 1846. – Bull. Soc. imp. Naturalistes Moscou, **22** : 437–479 (465).

KNECHTEL, W. K. & POPOVICI-BÎZNOŞANU, A. (1959): Orthoptera/Ord.: Saltatoria, Dermaptera, Blattodea, Mantodea. In: Fauna Rep. Pop. Romîne, Bucureşti, Ins. **7**/1 : 1–336 (102–103; Fig. 54 A u. B).

KNETSCH, H. (1939): Die Korrelation in der Ausbildung der Tympanalorgane, der Flügel, der Stridulationsapparate und anderer Organsysteme bei den Orthopteren. – Arch. Naturgesch., Berlin, (n. F.) **8**/1: 1– 69 (57; Fig. 55).

KOBÁNYI, F. L. (1870): Die Geradflügler von Niederösterreich. – Jber. Obergymn. Krems **1870** : 3–31 (18).

KOLLAR, V. (1833): Systematisches Verzeichniß der im Erzherzogthume Oesterreich vorkommenden geradflügeligen Insekten. – Beitr. Landeskunde Österr. unter d. Enns, Wien, **3** : 67–87 (76).

KRAUSS, H. (1878): Die Orthopterenfauna Istriens. – Sber. Akad. Wiss. Wien, math.-naturw. Cl., (I) **78** : 451–544 (506–511; Taf. 3, Fig. 4, 4A–C).

– (1879): Synonymische Bemerkungen mit Bezug auf BOLÍVARS Catalogus Orthopterorum Europae. – Verh. zool.-bot. Ges. Wien, **29** (Abh.) : 57–64 (63).

– (1887): Die Dermapteren und Orthopteren Siciliens. – Verh. zool.-bot. Ges. Wien, **37** : 1–22 (19).

– (1890): Erklärung der Orthopteren-Tafeln J. C. SAVIGNY's in der „Description de l'Égypte". – Verh. zool.-bot. Ges. Wien, **40** : 227–272 (250, 272).

– (1896): Zoologische Ergebnisse einer von Dr. K. ESCHERICH unternommenen Reise nach Central-Kleinasien. II. Orthoptera. – Zool. Jb., Jena, (Syst.) **9** : 557–570 (569).

LA GRECA, M. (1959): L'Ortotterofauna Pugliese ed il suo significato biogeografico. – Mem. Biogeogr. adriat., Padova, **4** : 33-170 (115, 151, 155).

LANG, A. (1930): Über das Vorkommen von *Saga serrata* F. (Orthoptera) in der Umgebung von Deutsch-Altenburg, N.-Österreich. – Z. Ver. Naturbeobachter u. Sammler, Wien, **5**/1 : 1–4 (Taf. 13, Fig. 1 u. 2).

LATREILLE, P. A. (1804): Hist. nat. Crust. Ins., Paris, **12** : 1–424 (134).

LINNÉ, C. (1758): Systema Naturae, ed. 10, Holmiae, **1** : 1–824 (430).

LUCAS, H. (1864): Bull. Ent. (séance du 27 Janvier 1864). – Ann. Soc. Ent. France, Paris, (4) **4** : 5.

MAKARIAN, M. J. (1930): Materialien zur Kenntnis der Orthopterenfauna des Araxestales. – Bull. Univ. R. S. S. Armenie, Erivan, **5** : 283–304 (291, 301) (armen. u. russ.).

MARGIER, E., CABANÈS, G. & HUGHES, A. (1918): Orthoptères nouveaux ou rares pour le Département du Gard. – Misc. Ent., Narbonne, **24** (2) : 11–14 (13).

MARQUET, Ch. (1876/77): Notes pour servir a l'Histoire Naturelle des Insectes Orthoptères du Languedoc. – Bull. Soc. Hist. nat. Toulouse, **11** : 137–159 (155–156).

MATTHEY, R. (1941): Etude biologique et cytologique de *Saga pedo* PALLAS (Orthoptères-Tettigoniidae). – Rev. suisse Zool., Genève, **48** : 91–142; Fig. 1–17, Taf. 2–4.

– (1945): La répartition de *Saga pedo* (PALLAS) dans le Canton du Valais (Orthoptera-Tettigoniidae). – Mitt. schweiz. Ent. Ges., Bern, **19** : 482–484, 1 Karte.

– (1946): Démonstration du caractère géographique de la parthénogénèse de *Saga pedo* PALLAS et de sa polyploidie, par comparaison avec les espèces bisexuées *S. ephippigera* FISCH. et *S. gracilipes* UVAR. – Experientia, Basel, **2**/7: 1–3; Fig. 1–3.

– (1948): Données nouvelles sur les chromosomes des Tettigonides et la parthénogénèse de *Saga pedo* PALLAS. – Rev. suisse Zool., Genève, **55** : 45–56 (Fig. 1–6).

– (1950): Les chromosomes de *Saga cappadocica* WERNER (Orthoptera-Tettigoniidae). – 9. Jber. schweiz. Ges. Vererbungsforsch. – Arch. Julius Klaus-Stiftung f. Vererbungsforsch. usw., Zürich, **25** : 44–46; Fig. 1–5.

MIRAM, E. (1929): Beiträge zur Kenntnis der Orthopteren-Fauna der Krim. II. – Ann. Mus. zool. Acad. Sci. URSS, Leningrad, **30** : 447–476 (460).

MORGUE, M. (1935): Observations sur *Saga serrata*. – Bull. mens. Soc. linn. Lyon, **4** : 47–48.

MÜLLER, A. (1924): Über Herkunft und Verbreitung der Orthopteren Siebenbürgens. – Verh. Mitt. siebenbürg. Ver. Naturwiss. Hermannstadt, **72–74** : 194–244 (206–207, 235).

– (1933): Zur Kenntnis der Orthopterenfauna der Dobrudscha und Bessarabiens. – Verh. Mitt. siebenbürg. Ver. Naturwiss. Hermannstadt, **81/82** : 72–96 (85).

NAGY, B. (1960): Vertikale Grenzen des Vorkommens der Sägeschrecke (*Saga pedo* PALL.) in Ungarn. – Folia Ent. hung. Budapest, (n. S.) **13** : 251–252.

– (1965): Unser Rieseninsekt: die *Saga pedo*. – „Buvar“, Budapest, **10** : 29–33; 9 Fig., 1 Taf. (ungar.).

–, KIS, B. & NAGY, L. (1984): *Saga pedo* PALL. (Orthoptera, Tettigoniidae): Verbreitung und ökologische Regelmäßigkeiten des Vorkommens in SO-Mitteleuropa. – Verh. 10. Internat. Sympos. Entomofaunistik (SIEEC); Budapest 1983: 190–192.

NEFEDOV, N. & MIRAM, E. F. (1939): Contribution to the study of the fauna and ecology of Tettigoniidae of the Troitsk Forest Steppe Reserve. – Bull. Inst. Rech. biol. Perm, **11** : 265–278 (russ., engl. Zs.).

OBENBERGER, J. (1926): Rovnokřidlý Hmyz (Orthoptera a Dermaptera) Republiky Čechoslovenské. In: Fauna et Flora Čechoslovenica. I., Praha: 1–234 (64–65; Fig. 6: ♂ *Saga natoliae*, nec *S. serrata*!) (tschech.).

ÖGEL, S. (1955): A Contribution to the Study of Blood-Cells in Orthoptera. – Comm. Fac. Sci. Univ. Ankara (C) **4**/2 : 15–41 (27, 34–38; Taf. 2, Fig. 38).

PADEWIETH, M. (1900): Orthoptera genuina des kroatischen Littorale und der Umgebung Fiumes. – Glasnik hrvatskoga naravoslovnoga Društva, Zagreb, **11** : 8–33 (12–13, 28).

PALLAS, P.S. (1771): Reise durch verschiedene Provinzen des Russischen Reiches. Petersburg. **1** : 1–504 (467–468).

PANČIĆ, J. (1883): Orthoptera in Serbia hucdum detecta. – Glasn. srpsk. utšen. Društva, Beograd, II. Odel'ka, **15**: 1–172 (136–138, 162).

PANTEL, P.J. (1886): Contribution à l'Ortoptérologie de l'Espagne Centrale. 2ᵉ Partie. Catalogue raisonné des espèces récoltées à Uclés et dans les Localités voisines. – Ann. Soc. esp. Hist. nat., Madrid, **15** : 237–287 (284).

– (1890): Notes Orthoptérologiques III. Les Orthoptéres des Environs d'Uclés. – An. Soc. esp. Hist. nat., Madrid, **19** : 335–422 (414).

– (1896): Notes Orthoptérologiques V. Les Orthoptéres du „Sitio“ dans la Sierra de Cuenca. – An. Soc. esp. Hist. nat., Madrid, **25** : 47–118 (110, 111).

PAOLI, G. (1937): Studi sulle Cavalette di Foggia e sui lore oofagi ed Acari ectofagi. – Redia, Firenze, **23** : 27–103 (46).

PEŠEV, G. (1962): Composition et Répartition oecologique des Orthoptères de la Montagne Bélassitza. – Izvest. zool. Inst. Mus., Sofia, **12** : 59–107 (69, 85, 97, 102, 103) (bulgar.).

– (1964): Les Orthoptères de la Thrace. In: Die Fauna Thrakiens. Sofia. **1** : 107–144 (117, 130, 132) (bulgar.).

– & MAŘAN, J. (1963): Etude sur les Insectes Orthoptéres du Mont Slavianka (Alibotuš). – Izvest. zool. Inst. Mus., Sofia, **14** : 27–69 (35, 45, 49, 55, 58, 59) (bulgar.).

PHILIPPI, R.A. (1863): Verzeichnis der im Museum von Santiago befindlichen Chilenischen Orthopteren. – Z. ges. Naturwiss., Berlin, **21** : 217–245 (235–236).

PUNGUR, J. (1899): Orthoptera. In: Fauana Regni Hungariae. III. Budapest: 3–44 (15).

RAGGE, D. R. (1955): The wing-venation of the Orthoptera Saltatoria. Brit. Mus. nat. Hist., London: 1–159 (82, 90, 92; Fig. 65).
RAMME, W. (1927): Geradflügler, Orthoptera. In: BROHMER, P. – EHRMANN, P. – ULMER, G., Tierwelt Mitteleuropas, Leipzig, **4**/1/VI: 1–22 (16, 18).
– (1951): Zur Systematik, Faunistik und Biologie der Orthopteren von Südost-Europa und Vorderasien. – Mitt. zool. Mus. Berlin, **27** (1950): 3–431 (79, 86, 98, 111, 112, 114, 123, 124, 125, 172–191 [Revision der Gattung *Saga*], 349, 419; Fig. 35–41, Taf. 6, Fig. 1 u. 2, Taf. 24, Fig. 1 u. 2).
REDTENBACHER, J. (1900): Die Dermatopteren und Orthopteren (Ohrwürmer und Geradflügler) von Österreich-Ungarn und Deutschland. Wien: 1–148 (82, 102–103; Taf., Fig. 30).
– (1905): Die Gliederung der Orthopterenfauna Nieder-Österreichs. – Jber. Elisabeth-Gymn. Wien: 1–24 (11).
RENTZ, D. C. (1978): Orthoptera. In: Biogeography and Ecology of Southern Africa (Monogr. Biol. 31), The Hague, **22** : 735–746 (740–741; Fig. 4).
– (1979): Comments on the Classification of the Orthopteran Family Tettigoniidae, with a Key to Subfamilies and Description of Two New Subfamilies. – Austral. J. Zool., Melbourne, **27** : 991–1013 (993, 998).
– & BALDERSON, J. (1979): Catalogue of Australian Tettigoniidae. – CSIRO, Melbourne, Div. Ent. Techn. Paper No. **15** : 1–24 (4–5, 10).
RETOWSKI, O. (1888): Beiträge zur Orthopteren-Kunde der Krim. – Bull. Soc. imp. Naturalistes, Moscou, (n. F.) **2** a: 402–415 (413).
SÄNGER, K. (1980): Zur Larvalentwicklung der Laubheuschrecken-Art *Saga natoliae* (Orthoptera: Tettigonioidea). – Entomologia generalis, Stuttgart–New York, **6** : 65–69.
SALFI, M. (1929): Ortotteri. In: Ricerche Faunistiche nelle Isole Italiane dell' Egeo. – Archo. zool. ital., Napoli, **13**/1–2 : 211–219 (211, 212, 214–216; Taf. 2, Fig. 1–4).
SAUSSURE, H. (1888): Synopsis de la Tribu des Sagiens. – Ann. Soc. Ent. France, Paris, (6) **8** : 127–160; Taf. 5, Fig. 1 u. 2.
– (1892): Note Supplementaire a la Synopsis de la Tribu des Sagiens. – Ann. Soc. Ent. France, Paris, **61** : 5–16.
SAVIGNY, J. C. (1817): Description de l'Égypte. Orthoptères: Taf. 1–7 (Taf. 4, Fig. 11).
ŠČELKANOVZEV, J. P. (1909): Orthoptera saltatoria Kawkasa. – Rab. Lab. zool. Kab. imp. waršawsk. Univ.: 1–70 (Sep., 5, 21, 60–61) (russ.).
SCHAUM, H. (1853): Übersicht der von ihm [PETERS] in Mossambique beobachteten Orthopteren ect. – Mber. dt. Akad. Wiss. Berlin, **1853** : 775–780 (778).
– (1862): Orthoptera. Geradflügler. In: PETERS, W. C. H., Naturwiss. Reise nach Mossambique. Zool. V. Ins., Berlin : 107–144 (128–129; Taf. 7, Fig. 13).
SCHREMMER, F. (1959): Ein gespenstiges Insekt. – Universum für Natur u. Technik, Wien, **14** : 215–217; Fig. 1 u. 2.
ŠUGUROV, A. M. (1912): Contribution à la faune des Orthoptères de la Grousie orientale. – Rev. russ. Ent., St. Petersburg, **12** : 103–106 (106).
SCHULTHESS, A. (1899): La Faune Entomologique du Delagoa II. Orthoptères. – Bull. Soc. vaud. Sci. nat., Lausanne, **35** : 191–215 (213, 215).
SERVILLE, J. G. (1839): Hist. nat. Ins., Orth., Paris : 1–777 (540).
SHAROV, A. G. (1968): Filogeniya Ortopteroidnykh nasekomykh. – Trudy paleontolog. Inst., Akad. Nauk SSSR, Leningrad, Moskwa, **118** : 1–217 (50) (russ.).
SJÖSTEDT, Y. (1913): Neue Orthopteren aus Ost- und Westafrika. – Ark. Zool., Stockholm, Uppsala, **8** No. 6 : 1–26 (17).
– (1933): Orthopterentypen im Naturhist. Reichsmuseum zu Stockholm. 4. Tettigoniidae. – Ark. Zool., Stockholm, Uppsala, **25 A** No. 13 : 1–30 (6; Taf. 4, Fig. 1 u. 2).
STÅL, C. (1855): Entomólogiska Notiser. Hemipt., Orthopt., Forfic. från Cafferlandet. – Öfversigt r. VetenskAkad. Förh., Stockholm, **12** : 348–353 (352).
– (1874): Recens. Orth., Stockholm, **2** : 1–121 (104, 117–121).
– (1876): Bidrag till södra Afrikas Orthopter-fauna. – K. VetenskAkad. Förhandl., Stockholm, No. 3: 29–76 (63).
STEBAEV, J. V. (1957): The fauna of the Orthopterous Insects (Orthoptera and Mantoidea) of the North Caspian plain. – Rev. Ent. URSS, Leningrad, **36** : 386–400 (389, 393, 394, 396, 398) (russ., engl. Zs.).

STOLJAROV, M.W. (1961): Besonderheiten der geographischen Verbreitung und der Ökologie der Laubheuschrecken Adschariens. – Mitt. Akad. Wiss. Grusin. SSR, **26** : 441–446 (441, 443) (russ.).

STOLL, C. (1813): Natuurlijke en naar het Leven nauwkeurige gekleurde Afbeeldingen en Beschrijvingen der Spoken, Wandelnde Bladen, Zabelspringhanen ect., Amsterdam. Zabelspr. : 1–28; Taf. 1–13 (24, 27; Taf. 11a, Fig. 42 u. 43, Taf. 13a, Fig. 53). Trek-Springh.: 1–42; Taf. 1–23 (29; Taf. 13b, Fig. 49) (holländ. – franz.).

STOREI, G. (1919): The Identification of the Orthoptera figured by SAVIGNY, and other notes on Egyptian Orthoptera. – Bull. Soc. ent. d'Égypte, Cairo, **1918** : 49–67 (58).

TAINISH, J. R. (1933): The Giant Locust (*Saga ephippigera*). – J. Bombay nat. Hist. Soc., **35** : 908–909.

TARBINSKY, S.P. (1927): Orthoptera, Dermaptera ect. In: TARBINSKY, S.P., IOHN, O.I. & WAGNER, J.N., Bestimmungstabellen der Insekten, Moskva – Leningrad : 1–119 (16, 31) (russ.).

THUNBERG, C.P. (1789): Dissertatio entomologica novas insectorum species sistens: Uppsala; 5: 86–106 (102).

TÜMPEL, R. (1922): Die Geradflügler Mitteleuropas (2. Aufl.). Gotha: 1–325 (223, 227, 272; Taf. 22).

TÜRK, R. (1858): Über die in Österreich unter der Enns bis jetzt aufgefundenen Orthopteren. – Wien. ent. Monatsschr., **2** : 361–381 (371).

– 1879): Noticias acerca de la *Myrmecophila acervorum* y la *Saga serrata*, que pueden servir de base para ulteriores observaciones. – An. Soc. esp. Hist. nat., Madrid, **8** (Actas) : 16–17 (span.).

UMNOV, N.N. (1930): Materialien zur Orthopteren-Fauna des Gouv. Orenburg. – Konowia, Wien, **9** : 37–42 (38).

– (1932): Revision der Orthopteren-Fauna des Ural. – Konowia, Wien, **11** : 21–28 (26).

UVAROV, B.P. (1910): Materialien zur Orthopterenfauna des Ural-Gebietes. – Horae Soc. ent. ross., St. Petersburg, **39** : 359–390 (380) (russ.).

– (1916): Materialia ad cognitionem Orthopterorum Caucasi et confinum. I. Orthoptera, a dom. P.V. NESTEROV in itinere secundum limitem perso-turcicum lecta. – Bull. Mus. Caucase, St. Petersburg, **10** : 181–194 (188) (russ.).

– (1921): Descriptions of four new Orthoptera from Macedonia. – Entomologist's Rec. J. Variation, London, **33** : 145–164 (158–159).

– (1924): Notes on the Orthoptera in the British Museum. 3. Some less known or new genera and species of the subfamilies Tettigoniinae and Decticinae. – Trans. ent. Soc. London, **1923** : 492–536 (495–496).

– (1925): Über die von PALLAS beschriebenen paläarkt. Orthopteren. – Ent. Mitt. Berlin-Dahlem, **14** : 153–156 (155).

– (1929): Composition and origin of the Palaearctic fauna of Orthoptera. – Verh. X. Congr. internation. Zool. Budapest 1927 : 1516–1524 (1518).

– (1930): Orthoptera collected by M. SUREYA BEY in Turkey. – Eos, Madrid, **6** : 349–373 (352).

– (1934): Studies in the Orthoptera of Turkey, Iraque and Syria. – Eos, Madrid, **10** : 21–119 (30, 45–46).

– (1942): Revision of the Genus *Clonia* STÅL 1855 (Orthoptera, Tettigoniidae). – Proc. r. ent. Soc. London (B) **11**/4 : 57–62; Fig. 1 u. 2.

– (1949): Tettigoniidae and Acrididae from Bulgaria and Greece collected in 1939 by Håkan LINDBERG. – Notulae ent., Helsingfors, **28** : 91–94 (92).

DA VEIGA FERREIRA, G. (1964): Catálogo dos Ortópteros de Moçambique (I Contribuição). – Revta. Ent. Moçambique, Lourenco Marques, **7** (1) : 217–295 (220–221).

VICKERY, V.R. & KEVAN, D.K. McE. (1983): A Monograph of the Orthopteroid Insects of Canada and Adjacent Regions. – Mem. Lyman ent. Mus. Res. Lab. No. 13, Ste. Anne de Bellevue, **1** : 1–679 (498–499; Fig. 276).

VILLERS, C. (1789): Caroli Linnaei Entomologia, Lugduni, **1** : 1–766 (451).

WACHTL, F.A. (1888): Beitrag zur Kenntnis der Verbreitung von *Saga serrata* FABR. – Wien. ent. Ztg., **7** : 65.

WALKER, F. (1869): Catalogue of Locustae. In: Cat. Spec. Dermapt. Saltat. Coll. Brit. Mus. nat. Hist., London, **2** : 1–423 (290–294).

WERNER, F. (1892): Selbstverstümmelung bei Heuschrecken. – Zool. Anz., Leipzig, **15** : 58–60.

– (1901): Die Dermatopteren- und Orthopterenfauna Kleinasiens. – S.ber. Akad. Wiss. Wien, math.-naturw. Cl., (I) **110** : 259–306 (297–301; Taf. 1, Fig. 1a–c).

– (1902): Beiträge zur Kenntnis der Orthopteren Griechenlands. – Berlin. ent. Z., **47** : 111–118 (118).

– (1903): Neue Locustiden aus Westasien. – Zool. Anz., Leipzig, **26** : 528–531.
– (1905): Die Verbreitung und Lebensweise der Riesenheuschrecken aus der Gattung *Saga*, insbesonders in Europa. – Mitt. naturwiss. Ver. Univ. Wien, **3**/1 : 1–4, Fig. 1 u. 2.
– (1905): Dermaptera und Orthoptera. In: PENTHER, A. & ZEDERBAUER, E., Ergebn. naturwiss. Reise zum Erdschias-Dagh (Kleinasien). – Ann. naturhist. Hofmus., Wien, **20** : 168–170.
– (1933): Über Orthopteren aus Ost-Griechenland und von den Inseln des Agäischen Meeres. – Mitt. zool. Mus. Berlin, **18** : 395–415 (405–407).
– (1933): Ergebnisse einer zoologischen Studien- und Sammelreise nach den Inseln des Ägäischen Meeres. II. Orthopteren. – S.ber. Akad. Wiss. Wien, math.-naturw. Kl., (I) **142** : 185–204 (191).
– (1934): Dritter Beitrag zur Kenntnis der Tierwelt der Ägäischen Inseln. – S.ber. Akad. Wiss. Wien, math.-naturw. Kl., (I) **143** : 313–337 (325–326).
– (1936): Ergebnisse einer zoologischen Forschungsreise nach dem Dodekanes, unternommen von Kustos Dr. Otto WETTSTEIN. I. Orthopteren aus dem Dodekanes. – S.ber. Akad. Wiss. Wien. math. naturw. Kl., (I) **145** : 9–16 (11).
– (1937): Ergebnisse der vierten zoologischen Forschungsreise in die Ägäis (1936). Anhang: Orthopteren aus Griechisch Mazedonien. – S.ber. Akad. Wiss. Wien, math.-naturw. Kl., (I) **146** : 89–117 (117).
– (1937): Beiträge zur Kenntnis der Tierwelt des Peloponnes, der Inseln Kythira und Euboea sowie der kleinen Inseln im Saronischen Golf. – S.ber. Akad. Wiss. Wien, math.-naturw. Kl., (I) **146** : 135–153 (147).
– (1938): Über einige Orthopteren aus Iran. – Konowia, Wien, **17** : 125–137 (129).
WILLEMSE, F., (1984): Catalogue of the Orthoptera of Greece. In: Fauna Graeciae, Athens: I–XII' 1–275 (73–75).
ZACHER, F. (1928): Züchtung von Orthopteren. In: ABDERHALDEN, E., Handb. d. biolog. Arbeitsmeth., Berlin-Wien, Abt. 9, 1/II, **1** : 89–190 (139–140; Fig. 53).
ZANON, V. (1926): Contributo alla connoscenza degli Ortotteri dei dintorni di Roma. – Mem. Pont. Accad. Sci. Nuovi Lincei, Roma, **9** : 173–193 (177).
ZEUNER, F.E. (1939): Fossil Orthoptera Ensifera. Brit. Mus. nat. Hist., London, Text-Bd.: 1–321 (117–119, 276), Tafel-Bd.: Taf. 1–80 (Taf. 43, Fig. 4–6).

Alphabetisches Namensverzeichnis

Valide Namen in geradstehender Schrift, Synonyma kursiv gesetzt. Halbfette Seitenzahlen verweisen auf den Hauptbeitrag, in dem das betreffende valide Taxon ausführlicher behandelt ist.

Das Tierreich erscheint ab Teilband 102 mit festem Einband. Seit 1958 sind erschienen

Lfg.	Bearbeiter	Titel	Ersch.-jahr	Umfang
72	H. Wermuth	REPTILIA: *Helodermatidae*	1958	16 Seiten, 9 Figuren
73	M. Beier	ORTHOPTERA: *Tettigoniidae* (Pseudophyllinae I)	1962	XII, 468 Seiten, 245 Abbildungen
74	M. Beier	ORTHOPTERA: *Tettignoniidae* (Pseudophyllinae II)	1960	396 Seiten, 241 Figuren
75	K. Odening	TREMATODA (Digenea): *Plagiorchiidae* III (Haematoloechinae) und *Omphalometridae*	1960	IV, 77 Seiten, 60 Figuren
76	K. Sanft	AVES (Upupae): *Bucerotidae*	1960	IV, 176 Seiten, 106 Figuren
77	R. Kilias	GASTROPODA PROSOBRANCHIA: *Tonnidae*	1962	63 Seiten, 47 Figuren
78	St. W. Gorham	GYMNOPHIONA, *Liste der rezenten Amphibien und Reptilien*	1962	X, 25 Seiten
79	R. Mertens	HELODERMATIDAE, VARANIDAE, LANTHANOTIDAE. *Liste der rezenten Amphibien und Reptilien*	1963	X, 26 Seiten
80	H. Wermuth	GEKKONIDAE, PYGOPODIAE, XANTUSIIDAE. *Liste der rezenten Amphibien und Reptilien*	1965	XXII, 246 Seiten
81	J. A. Peters	COLUBRIDAE (Dipsadinae). *Liste der rezenten Amphibien und Reptilien*	1965	VIII, 18 Seiten
82	J. Illies	PLECOPTERA, *Katalog*	1966	XXX, 632 Seiten, 20 Abbildungen
83	R. Mertens	CHAMAELEONIDAE. *Liste der rezenten Amphibien und Reptilien*	1966	X, 37 Seiten
84	C. Gans	UROPELTIDAE. *Liste der rezenten Amphibien und Reptilien*	1966	29 Seiten
85	St. W. Gorham	ASCAPHIDAE, LEIOPELMATIDAE, PIPIDAE, DISCOGLOSSIDAE, PELOBATIDAE, LEPTODACTYLIDAE, RHINOPHRYNIDAE. *Liste der rezenten Amphibien und Reptilien*	1966	XVI, 222 Seiten
86	H. Wermuth	AGAMIDAE. *Liste der rezenten Amphibien und Reptilien*	1967	XIV, 127 Seiten
87	H. Wermuth	CORDYLIDAE (Cordylinae + Gerrhosaurinae). *Liste der rezenten Amphibien und Reptilien*	1968	X, 30 Seiten

Lfg.	Bearbeiter	Titel	Ersch.-jahr	Umfang
88	F. Haas	BIVALVIA: *Unionacea*	1969	X, 663 Seiten, 5 Abbildungen
89	A. F. Stimson	BOIDAE, (Boinae + Bolyeriinae + Loxoceminae + Pythoninae). *Liste der rezenten Amphibien und Reptilien*	1969	XI, 49 Seiten
90	H. Wermuth	ANGUIDAE, ANNIELLIDAE, XENOSAURIDAE. *Liste der rezenten Amphibien und Reptilien*	1969	XII, 41 Seiten
91	M. Fischer	HYMENOPTERA: *Braconidae* (Opiinae I)	1972	XII, 620 Seiten, 463 Figuren
92	R. Kilias	GASTROPODA PROSOBRANCHIA: *Cymatiidae*	1973	VIII, 235 Seiten, 149 Figuren
93	P. Banarescu & T. T. Nalbant	PISCES, TELEOSTEI: *Cyprinidae (Gobioninae)*	1973	VII, 304 Seiten, 154 Figuren, 19 Karten
94	P. Zwick	PLECOPTERA, *Phylogenetisches System und Katalog*	1973	XXXII, 465 Seiten, 75 Abbildungen
95	E. Duellmann	HYLIDAE, CENTROLENIDAE, PSEUDIDAE. *Liste der rezenten Amphibien und Reptilien*	1976	XIX, 225 Seiten
96	M. Fischer	HYMENOPTERA: *Braconidae* (Opiinae II/Amerika)	1976	etwa 1038 Seiten, 890 Figuren
97	S. G. Kiriakoff	LEPIDOPTERA NOCTUIFORMES: *Agaristidae I*	1976	IX, 180 Seiten, 39 Figuren
98	S. G. Kiriakoff	LEPIDOPTERA NOCTUIFORMES: *Agaristidae II*	1976	VIII, 165 Seiten, 52 Figuren
99	S. G. Kiriakoff	LEPIDOPTERA NOCTUIFORMES: *Agaristidae III*	1976	VI, 86 Seiten, 26 Figuren
100	H. Wermuth & † R. Mertens	TESTUDINES, CROCODYLIA, RHYNCHOCEPHALIA. *Liste der rezenten Amphibien und Reptilien*	1976	XXVII, 174 Seiten
101	D. E. Hahn	ANOMALEPIDIDAE, LEPTOTYPHLOPIDAE, TYPHLOPIDAE. *Liste der rezenten Amphibien und Reptilien*	1980	XII, 93 Seiten
102	H. Steinmann	DERMAPTERA *Catadermaptera I*	1986	XIV, 343 Seiten

www.ingramcontent.com/pod-product-compliance
Lightning Source LLC
LaVergne TN
LVHW060621300926
849162LV00008B/1668